...taire, par M. Fleury, in-12. relié en commun,

Abrégé de l'histoire sacrée, traduit du latin de M. Lhomond, à l'usage des enfans qui commencent à lire, in-18. relié en commun, 60 c.

Abrégé de la fable, ou de l'Histoire poétique, par le Pere Jouvency, en deux latins et deux traductions françaises, dont l'une interlinéaire et mot à mot, suivant la nouvelle méthode de Dumarsais, in-18. relié en commun, 90 c.

Abrégé de la géographie universelle, précédé de quelques notions sur la cosmographie, suivi des principaux termes de géographie et d'astronomie, à l'usage des jeunes personnes de l'un et de l'autre sexe, in-12. cartes, relié en commun, 80 c.

Abrégé de la grammaire française, par Wally, in-12. relié en commun, 75 c.

Abrégé de la grammaire française, par Restaut, in-12. relié en commun, 75 c.

Abrégé d'arithmétique, suivi du Calcul décimal et de son application au nouveau système des poids et mesures, in-12. relié en commun, 75 c.

Abrégé de la nouvelle méthode pour apprendre facilement la langue latine, Port-Royal, in-12. relié en mi-propre, 1 f.

Abrégé de toutes les sciences, ou Encyclopédie des enfans, mise dans un nouvel ordre, et contenant un précis d'histoire sainte, un traité d'arithmétique, l'exposition du système des nouveaux poids et mesures, un traité d'histoire naturelle, une instruction pour se former dans l'art d'écrire des lettres, et des notions claires sur les sciences et les arts, nouvelle édition, ornée de 94 sujets gravés, in-12, relié en mi-prop. 1 f. 50 c.

* Abrégé du catéchisme à l'usage de toutes les églises de l'empire français, pour les enfans en bas âge, précédé des prieres du matin et du soir, et de celles durant la sainte messe, in-18. broché et rogné, la douzaine, 2 f. 40 c.

Abrégé de l'histoire sainte et du catéchisme de M. Osterwald, à l'usage des protestans, in-12. broché et rogné, 50 c.

Almanachs bleus, dits de Pierre l'Arrivay, pour l'an courant ou prochain, le cent, 5 f.

Almanachs de cabinet, à deux faces, la douzaine, 75 c.

Alphabet syllabique, latin-français, ou Méthode ingénieuse pour apprendre à lire en peu de tems, etc. in-12. broché et rogné, la douzaine, 2 f. 50 c.

Alphabet français, ou latin, pour les enfans, la grosse, 2 f. 25 c.

Ange (l') conducteur dans la dévotion chrétienne, réduite en pratique en faveur des ames dévotes, nouvelle et belle édit. augmentée des indulgences accordées par Pie VI le 14 mai 1791, gros in-12. gros caractere et beau papier, relié en re, 2 f.

——— même, édition aussi complette, gros in-12. et gros ca-...

ABRÉGÉ

D'ARITHMÉTIQUE,

SUIVI

DU CALCUL DÉCIMAL,

Et de son application au nouveau Système des Poids et Mesures,

A L'USAGE DES ÉCOLES PRIMAIRES.

A AVIGNON,

Chez JEAN-ALBERT JOLY, Imprimeur-Libraire.

1816.

SIGNES ET ABRÉVIATIONS

Employés dans cet Abrégé.

~~~~~~~~~

₶.	livre tournois.
ſ.	sou.
∂.	denier.
℔.	livre de poids.
m.	marc.
on.	once.
gr.	gros.
d.	denier.
gra.	grain.
t.	toise.
p.	pied.
po.	pouce.
l.	ligne.
+	plus.
—	moins.
=	égal à.
×	multiplié par.
:	est à.
::	comme.
x.	terme inconnu.
pr ⁰⁄₀	pour cent.
Nr.	nominateur.
Dr.	dénominateur.
D.	demande.
R.	réponse.
Q.	question.

A 2

ABRÉGÉ
D'ARITHMÉTIQUE.

DÉFINITIONS PRÉLIMINAIRES.

Demande. Qu'est-ce que l'Arithmétique ?

Rép. C'est la science des nombres et du calcul.

D. Qu'est-ce que le nombre ?

R. Le nombre est ce qui exprime combien il y a d'unités ou de parties d'unité dans une quantité. Ainsi 4, par exemple, est un nombre, parce qu'il est composé de quatre fois un, ou de quatre unités : deux tiers ou $\frac{2}{3}$ est un nombre qui contient deux fois le tiers de l'unité.

D. Qu'appelle-t-on nombres abstraits ?

R. Ce sont ceux qui ne sont appliqués à aucune espèce de chose déterminée, comme 5, 7, 30, ou 5 fois, 7 fois, etc.

D. Qu'appelle-t-on nombres concrets ?

R. Ce sont ceux qui expriment une espèce de chose déterminée, comme 8 toises, 19ᵗ, 15 jours, etc.

D. Qu'appelle-t-on nombres simples et nombres composés ?

R. Les nombres simples sont ceux qui ne sont représentés que par un chiffre ; les nombres composés sont ceux qui en contiennent plusieurs.

D. Qu'appelle-t-on nombres incomplexes ?

R. Ce sont ceux qui ne contiennent qu'une seule espèce de quantité, comme 4 toises, ou 18 ᵗ, ou 24 ℔, etc.

D. Qu'appelle-t-on nombres complexes ?

R. Ce sont ceux qui contiennent plusieurs espèces de quantités de même nature ; comme 4 t., 5 pi., 6 po.; 6 ᵗ, 10 ˢ, 4 ᵈ; 15 ℔, 10 onces, 4 gros, etc.

D. Qu'est-ce qu'un nombre entier ?

R. C'est celui qui contient l'unité une ou plusieurs fois exactement, comme 1, 3, 4, 8, 17, 28, 340, etc.

D. Qu'apelle-t-on nombres fractionnaires ?

R. Ce sont ceux qui renferment une ou plusieurs parties de l'unité, comme ½, ⅓, ¼, 9/11, 11/7, etc., c'est-à-dire, un demi, deux tiers, trois quarts, neuf onzièmes, quinze septièmes, etc.

D. Qu'est-ce que le calcul ?

R. C'est l'art de composer les nombres, et de les décomposer par diverses opérations.

D Quelles sont les opérations fondamentales de l'Arithmétique ?

R. Ce sont l'addition, la soustraction, la multiplication et la division.

~~~~~~~~~~~~~~~~~~~~~~~~~~~~~~~~~~~~~

DE LA NUMÉRATION.

D. Qu'est-ce que la numération ?

R. C'est l'art de représenter et d'énoncer la valeur des nombres.

D. De quoi se sert-on pour représenter les nombres ?

R. On se sert de dix caractères ou chiffres qui nous viennent des Arabes : ce sont 0, 1, 2, 3, 4, 5, 6, 7, 8, 9.

Remarque. Pour exprimer les autres nombres, on est convenu que de dix unités simples on en feroit une seule, à laquelle on donneroit le nom de *dizaine* ; que de dix dizaines on en feroit une seule unité qui se nommeroit *centaine*, etc. Ainsi *cent trente-six* s'écrit 136 ; le premier chiffre à gauche exprime une centaine, le second trois dizaines, et celui de la droite six unités.

D. Combien les chiffres ont-ils de valeurs ?

R. Deux, l'une se nomme absolue, et l'autre relative.

D. Qu'est-ce que la valeur absolue d'un chiffre ?

R. C'est celle qu'il a étant considéré seul.

D. Qu'est-ce que la valeur relative d'un chiffre ?

R. C'est celle que lui donne le rang qu'il occupe : ainsi dans 67 la valeur absolue du premier chiffre est *six*, sa valeur relative est *six dizaines* ou *soixante*, parce qu'il est au second rang, et la valeur du second chiffre est *sept*.

D. Quelle est la propriété fondamentale de la numération ?

R. C'est qu'un chiffre placé à la gauche d'un autre ou suivi d'un zéro, vaut dix fois plus que s'il étoit seul ; et à mesure qu'un chiffre est avancé d'un rang vers la gauche, chacune de ses unités en vaut dix du chiffre qui est immédiatement à sa droite : au contraire, à mesure qu'un chiffre est reculé d'un rang vers la droite, les unités de ce chiffre valent dix fois moins que chaque unité du chiffre qui le précède vers la gauche.

D. Que peut-on conclure de ces principes ?

R. Que pour multiplier un nombre par dix, par

cent, par mille, etc., il suffit de mettre à sa droite un, deux ou trois zéros, etc., et que pour diviser un nombre par dix, par cent, par mille, etc., il suffit de retrancher à sa droite, un, deux ou trois zéros, etc.

D. Que fait-on pour énoncer aisément un nombre composé de plusieurs chiffres ?

R. On le partage en tranches de trois chiffres chacune, en commençant à droite, et on leur donne les noms suivans : unités, mille, millions, billions, trillions, etc. Ainsi le nombre 545,678,907,654,326 s'exprime en disant : trois cent quarante-cinq trillions, six cent soixante-dix-huit billions, neuf cent sept millions, six cent cinquante-quatre mille, trois cent vingt-six unités.

~~~~~~~~~~~~~~~~~~~~~~~

DE L'ADDITION.

D. Qu'est-ce que l'addition ?

L'addition est une opération par laquelle on joint ensemble plusieurs quantités de même espèce et en parties égales, pour en faire un seul nombre que l'on appelle somme ou total.

D. Que faut-il observer pour bien poser l'addition ?

R. Il faut écrire les nombres de même espèce les uns sous les autres ; les unités sous les unités, les dizaines sous les dizaines, les centaines sous les centaines, etc.

D. Par où faut-il commencer l'addition ?

R. Par la colonne des chiffres qui est à la droite.

D. Pourquoi faut-il commencer par la droite ?

R. Afin de porter les dizaines qui se trouvent dans la première colonne avec celles de la seconde, les centaines de la seconde avec les centaines de la troisième.

D. Pourquoi encore ?

R. C'est, dans l'addition des nombres composés, afin de porter les entiers qui se trouvent dans l'addition des parties de la plus petite espèce, avec les entiers de la partie prochainement supérieure.

Exemples de l'Addition en nombres incomplexes.

Question I.re. Un Marchand doit les trois sommes suivantes, 428ʰ, 635ʰ et 874ʰ ; combien doit-il en tout ?

R. 1937ʰ.

Opération. Ayant posé les nombres les uns sous les autres, je commence par additionner les unités, en disant 8 et 5 font 13, et 4 font 17 : en dix-sept unités il y a une dizaine et sept unités ; je pose 7 unités, et je retiens 1 dizaine, pour la porter au rang des dizaines. A la seconde colonne, qui est celle des dizaines, je dis un de retenu et 2 font 3, et 3 font 6, et 7 font 13 : en treize dizaines il y a 1 centaine et 3 dizaines, je pose 3 au rang des dizaines, et je retiens 1 cent. Je passe à la troisième colonne, en disant : 1 de retenu et 4 font 5, et 6 font 11, et 8 font 19 : je pose 9 au rang des centaines, et j'avance 1 au rang des mille, et j'ai 1937 pour la somme ou le total des trois nombres proposés.

```
      428ʰ
      635
      874
  ─────────
Som. 1937ʰ
```

Q. 2. Le Trésorier d'un bataillon a dans sa caisse les quatre sommes suivantes, 3579ʰ, 4632ʰ, 5673ʰ et 7856ʰ ; on demande combien il y a d'argent en tout ?

R. 21790ʰ.

Opération.   Commençant par la droite, je dis
5579^n 9 et 2 font 11, et 3 font 14, et 6
4682   font 20 : en vingt unités il y a deux
5673   dizaines tout juste ; c'est pourquoi je
7856   pose 0 au rang des unités, et je re-
————   tiens 2 dizaines ; puis je dis 2 de
21790^n retenus et 7 font 9, et 8 font 17, et
————   7 font 24, et 5 font 29 ; je pose 9,
et je retiens 2 pour la colonne suivante, etc.

DE LA SOUSTRACTION.

D. QU'EST-CE que la soustraction ?

R. C'est une opération par laquelle on retranche
un nombre d'un autre nombre de même espèce,
pour connoître de combien le plus grand surpasse
le plus petit.

D. Comment nomme-t-on le résultat de la soustraction ?

R. On le nomme reste, excès ou différence.

D. Comment fait-on la soustraction ?

R. On écrit le plus petit nombre sous le plus
grand ; on ôte ensuite les unités du plus petit de
celles du plus grand, et on met le reste au-dessous
de la même colonne ; on ôte de même les dizaines,
les centaines, etc. Si le chiffre inférieur est égal
à son correspondant supérieur, on pose zéro ; si
le chiffre inférieur est plus grand que le supérieur, on augmente celui-ci de dix unités, valeur d'une unité qu'on emprunte sur le chiffre à
gauche, qu'il faut alors considérer comme l'ayant
de moins.

D. Comment se fait la preuve de la soustraction ?

R. En additionnant la plus petite quantité avec la

différence. Si la somme est égale à la plus grande quantité, l'opération est bien faite.

Exemples en nombres incomplexes.

Q. 3. Un Marchand devoit 785ᵗᵗ, il en a payé 423 ; combien doit-il encore ?

R. 362ᵗᵗ.

Opération.	
785ᵗᵗ	Après avoir placé le plus petit
423	nombre sous le plus grand, com-
———	mençant par la droite, je dis : 3
	ôtés de 5 reste 2, que je pose des-
Reste 362	sous ; ensuite 2 ôtés de 8 reste 6,
———	que je pose de même ; enfin 4 ôtés
Preuve. 785ᵗᵗ	de 7 reste 3.
———	Le reste ou la différence est donc 362.

Pour la preuve j'additionne la petite quantité 423 avec le reste 362, il vient 785 qui est le grand nombre ; ce qui prouve que la règle est bonne.

Q. 4. Un Menuisier avoit 876 toises d'ouvrage à faire, il en a fait 483 toises ; combien lui en reste-t-il encore à faire ?

876	Pour cette opération, je dis : 3
483	ôtés de 6 reste 3 ; ensuite 8 ôtés de
———	7 ne se peut, j'emprunte sur le
Reste 393	chiffre à gauche 1 qui vaut 10 et
———	7 font 17, alors je dis 8 ôtés de 17
Preuve. 876	reste 9 ; ayant emprunté 1 sur le
———	8, il ne vaut plus que 7, je dis

donc 4 ôtés de 7 reste 3 que je pose ; de sorte que la différence ou le reste est 393. La preuve comme à la question précédente.

Preuve de l'Addition.

D. Comment fait-on la preuve de l'addition ?

R. Par la soustraction, mais on commence par la gauche ; on ôte le total de chaque colonne du nombre qui est au-dessous ; on pose le reste sous ce nombre, pour le joindre avec le chiffre qui répond à la colonne suivante ; de cette quantité on retranche la totalité de la colonne ; on continue ainsi jusqu'à la dernière colonne. Si du total de l'addition on peut ôter sans reste le montant de toutes les colonnes, c'est-à-dire, s'il vient zéro sous la dernière, c'est une preuve que la règle est bien faite. Ainsi ayant trouvé dans la question I.re que les trois nombres ci à côté ont pour somme

428
635
874
———
Somme 1937
———
Preuve. 110
———

1937, je fais la preuve en disant : 4 et 6 font 10, et 8 font 18, lesquels ôtés de 19 il reste 1, que je pose sous le nombre, et joignant cet 1 avec le 3, cela fait 13 ; je passe à la colonne suivante et je dis : 2 et 3 font 5, et 7 font 12, qui étant ôtés de 13, il reste 1 que je pose, et qui joint avec 7 fait 17 ; j'additionne la dernière colonne, 8 et 5 font 13, et 4 font 17, ôtés de 17, il ne reste rien, je pose zéro. La règle est donc bonne.

Exemples de l'Addition de nombres complexes.

Q. 5. Un officier doit les trois sommes suivantes à divers particuliers, on demande combien il doit en tout ?

R. 1096ᵗ 6ˢ 1ᵈ.

434ᵗ	12ˢ	6ᵈ
387	18	9
273	14	10
1096ᵗ	6ˢ	1ᵈ

Preuve. 112 12

Pour faire cette addition je commence par les deniers, en disant : 6 et 9 font 15, et 10 font 25 ; en 25ᵈ il y a 2ˢ et 1ᵈ, je pose 1 aux deniers, et je retiens 2ˢ, en disant 2 de retenus et 2 font 4, et 8

font

font 12, et 4 font 16ˢ ; en 16ˢ je pose 6 et je retiens 1 dizaine de sous : je passe aux dizaines, en disant 1 de retenu et 1 font 2, et 1 font 3, et 1 font 4 ; en 4 dizaines de sous il y a 2ᵗ, que je retiens pour la colonne des livres, etc.

La preuve se fait, comme pour les nombres incomplexes ; mais il faut considérer les livres qui restent comme des dizaines de sous, et les sous comme autant de fois 12 deniers. Ainsi dans la preuve ci-dessus il reste 2ᵗ qui valent 4 dizaines, desquelles en ôtant 3, il reste 1 que je pose ; les 2 sous qui restent valent 24ᵈ et 1ᵈ font 25, desquels ôtant 25ᵈ, somme des deniers, il ne reste rien. La règle est bien faite.

Q. 6. Un Maçon a fait les trois parties d'ouvrage marquées par les nombres ci-après ; on demande combien il en a fait en tout ?

R. 42 toises 2 pieds 2 pouces 7 lignes.

18 t.	4 pi.	8 po.	6 l.
15	5	6	10
9	5	11	3
42 t.	2 pi.	2 po.	7 l.

Preuve. 22   2   1   0

Q. 7. Un Marchand épicier a vendu 4 pains de sucre, qui pesoient comme il est marqué ci-dessous ; combien y a-t-il de livres en tout ?

R. 44℔ 7 onces 5 gros.

Le 1er. pesoit	12℔	4 on.	7 gros.
Le 2e.	11	7	5
Le 3e.	10	14	5
Le 4e.	9	12	4
	44℔	7 on.	5 gros.

B

Q. 8. Un Orfèvre a acheté 4 lingots d'argent, le premier pèse 4 marcs 5 onces 3 gros 2 deniers 13 grains; le second 5 marcs 7 onces 6 gros 1 den. 17 grains; le troisième 3 marcs 4 onces 7 gros 1 den. 25 grains; et le quatrième 2 marcs 1 once 6 gros 2 den. 18 grains; on demande quel est le poids total ?

R. 16 marcs 4 onces 0 gros 2 deniers 23 grains.

4 m.	5 on.	3 gr.	2 d.	13 grains.
5	7	6	1	17
5	4	7	1	25
2	1	6	2	18
16 m.	4 on.	0 gr.	2 d.	23 grains.
2 m.	5 on.	2 gr.	2 d.	0

Pour additionner les grains je compte d'abord les unités, en disant : 5 et 7 font 10, et 3 font 13, et 8 font 21 ; puis passant aux dizaines, je dis, 21 et 10 font 31, et 10 font 41, et 20 font 61, et 10 font 71 : en 71 grains il y a 2 den., et il reste 23 que je pose ; 2 den. de retenus et 2 font 4, et 1 font 5, et 1 font 6, et 2 font 8 : en 8 den. il y a 2 gros pour 6 den., et il en reste 2 que je pose, etc.

Pour la preuve on se conduit comme pour les livres, sous et deniers, mais il faut faire attention à la valeur de chaque espèce pour la joindre à la suivante. Il reste ici deux marcs qui valent 16 onces, et 4 qui se trouvent au total font 20 ; la colonne des onces en contient 17, qui ôtées de 20 il en reste 3, etc.

Exemples de la Soustraction de nombres complexes.

Q. 9. Un Marchand devoit 4853ᵐ 18ˢ 6ᵈ : il a payé 2684ᵐ 13ˢ 5ᵈ ; combien doit-il encore ?

R. 2169ˡ 5ˢ 3ᵈ.

$$4855^{\text{ˡ}}\ 18^{\text{ˢ}}\ 6^{\text{ᵈ}}$$
$$2684\ \ \ 13\ \ \ 3$$

Reste 2169ˡ 5ˢ 3ᵈ

Preuve. 4855 18 6

La soustraction des nombres complexes se fait comme celle des nombres incomplexes ; on commence à droite par les moindres espèces.

Quand les parties d'entiers du nombre à soustraire contiennent plus d'unités que celles du nombre dont on les soustrait, il faut emprunter une unité de l'espèce prochainement supérieure, en ajouter la valeur avec les unités du chiffre suivant, s'il y en a, puis faire la soustraction à l'ordinaire. Lorsqu'il se trouve des zéros au nombre supérieur, on emprunte une unité sur le chiffre positif à gauche, et alors chaque zéro se compte pour 9.

Dans cette question, commençant par les deniers, je dis : 3 ôtés de 6 reste 3 ; aux sous, 3 ôtés de 8 reste 5, 1 dizaine ôtée de 1 dizaine reste rien ; je passe aux livres, en disant : 4 ôtés de 3 ne se peut, j'emprunte sur le 5 une dizaine, qui vaut dix unités, et 3 font 13, alors je dis 4 ôtés de 13 reste 9 ; le 5 ne vaut plus que 4, je dis donc 8 ôtés de 4 ne se peut, j'emprunte sur le 8 une centaine qui vaut 10 dizaines, et 4 font 14 ; 8 ôtés de 14 reste 6, etc.

Pour faire la preuve on ajoute la plus petite somme avec le reste, en commençant par les deniers.

Q. 10. Deux Marchands ont fait société ; le premier y a mis 7008ˡ 7ˢ 4ᵈ ; le second 6475ˡ 18ˢ 6ᵈ ; combien le premier a-t-il mis plus que le second ?

B 2

R. 532^{lt} 8^s 10^d

	7008^{lt}	7^s	4^d
	6475	18	6
Reste	532^{lt}	8^s	10^d
Preuve.	7008^{lt}	7^s	4^d

Ne pouvant ôter 6^d de 4 , j'emprunte sur le 7 un sou qui vaut 12^d , et 4 font 16 , alors je dis : 6 ôtés de 16 reste 10 ; on ne peut non plus ôter 8 de 6 , j'emprunte 1^{lt} qui vaut 2 dizaines de sous , j'en joins une avec 6 , ce qui fait 16 , et je dis : 8 ôtés de 16 reste 8 , et 1 dizaine ôtée de 1 dizaine il ne reste rien ; ensuite je passe aux livres , en disant : 5 ôtés de 7 reste 2 ; puis 7 ôtés de 0 ne se peut ; mais comme il se trouve encore un autre 0 , j'emprunte une unité sur le 7 , cette unité étant au rang des milles vaut 10 centaines , par la pensée j'en laisse 9 sur le zéro , et j'en prends une qui vaut 10 dizaines ; je dis donc : 7 ôtés de 10 reste 3 , puis 4 ôtés de 9 reste 5 , et enfin 6 ôtés de 6 reste rien. La différence est donc 532^{lt} 8^s 10^d.

Q. 11. Un maître Charpentier avoit 450 t. 4 pi. 8 po. de plancher à faire ; il en a fait 284 t. 2. pi. 9 po. , combien lui en reste-t-il encore à faire ?

R. 166 t. 1 pi. 11 po.

	450 t.	4 pi.	8 po.
	284	2	9
Reste	166 t.	1 pi.	11 po.
Preuve.	450 t.	4 pi.	8 po.

Q. 12. Michel est né le 24 Mars 1768 ; on demande quel sera son âge le 8 novembre 1789 ?

R. 21 ans 7 mois 14 jours.

On voit que , pour répondre à cette question , et à toutes les autres semblables , il faut chercher le temps qui s'est écoulé entre les années proposées : pour cela j'observe que l'année 1789 n'étant pas écoulée entièrement, on ne doit mettre que 1788, et les mois et les jours écoulés depuis le premier Janvier ; de même , au lieu de 1768, il ne faut mettre que 1767, et les mois et les jours écoulés jusqu'au 24 Mars ; on aura donc l'opération suivante à faire , en se souvenant que l'année est de 12 mois , et que le mois se compte pour 30 jours.

	1788 ans	10 mois	8 jours.
	1767	2	24
Age demandé	21 ans	7 mois	14 jours.
Preuve.	1788 ans	10 mois	8 jours.

Q. 13. Un jeune homme est parti pour l'Amérique le 18 Août 1754 , et est revenu le 29 Avril 1786 ; combien de temps a-t-il été absent ?

R. 31 ans 8 mois 11 jours.

1785	5	29
1753	7	18
31	8	11
1785	5	29

DE LA MULTIPLICATION.

D. Qu'est-ce que la multiplication ?

R. C'est une opération par laquelle on répète un nombre qu'on appelle *multiplicande* , autant de fois que l'unité est contenue dans un autre nombre appelé *multiplicateur* , pour avoir un résultat qu'on nomme *produit*.

Ainsi multiplier 4 par 3 , c'est répéter 4 trois fois pour avoir 12 au produit.

D. Comment connoit-on le multiplicande ?

R. On connoit le multiplicande en ce qu'il est de même nature que le produit.

D. Qu'est-ce que le multiplicateur ?

R. Le multiplicateur est le nombre qui indique combien de fois il faut répéter le multiplicande.

D. Quel est le nom commun aux deux termes de la multiplication ?

R. On les appelle *facteurs* de la multiplication ou du produit.

D. Quelles conséquences peut-on tirer de tout ce qu'on vient de dire ?

R. Les trois suivantes sont les principales : 1.º que si le multiplicateur est l'unité , le produit sera égal au multiplicande ; 2.º que si le multiplicateur est plus grand que l'unité , le produit sera plus grand que le multiplicande ; 5.º que si le multiplicateur est plus petit que l'unité , le produit sera plus petit que le multiplicande ; c'est ce qui arrive dans les fractions.

D. Quels sont les usages de la multiplication ?

R. Voici les principaux. 1.° Elle sert à faire connoître le produit de deux nombres ; 2.° à trouver
le prix total de plusieurs unités de même espèce ,
lorsqu'on connoît le prix de l'unité ; 3.° à réduire
des entiers d'espèces principales en leurs parties ,
comme des livres en sous , des sous en deniers ,
des toises en pieds , etc. 4.° à trouver les surfaces
ou superficies , et la solidité des corps.

D. Que faut-il savoir pour bien faire la multiplication ?

R. Il faut savoir par cœur la table de multiplication qu'on appelle *livret*.

TABLE

DE MULTIPLICATION.

2 fois 2 font 4		4 fois 4 font 16		7 fois 7 font 49	
2	3	6	4	5	20	7	8	56
2	4	8	4	6	24	7	9	63
2	5	10	4	7	28	7	10	70
2	6	12	4	8	32	7	11	77
2	7	14	4	9	36	7	12	84
2	8	16	4	10	40			
2	9	18	4	11	44	8 fois 8 font 64	
2	10	20	4	12	48	8	9	72
2	11	22				8	10	80
2	12	24	5 fois 5 font 25			8	11	88
			5	6	30	8	12	96
3 fois 3 font 9			5	7	35			
3	4	12	5	8	40	9 fois 9 font 81	
3	5	15	5	9	45	9	10	90
3	6	18	5	10	50	9	11	99
3	7	21	5	11	55	9	12	108
3	8	24	5	12	60			
3	9	27				10 f. 10 f. 100	
3	10	30	6 fois 6 font 36			10	11	110
3	11	33	6	7	42	10	12	120
3	12	36	6	8	48			
			6	9	54	11 f. 11 f. 121	
			6	10	60	11	12	132
			6	11	66			
			6	12	72	12 f. 12 f. 144	

Q. 14. Un Marchand a fait venir de Lyon 325 chapeaux, à 5tt chacun ; on demande à combien se monte cet achat ?

R. 1625tt.

Multiplicateur	325 chapeaux.
Multiplicande	5tt
Produit	1625tt

Pour faire cette multiplication, je commence à droite par les unités, en disant : 5 fois 5 font 25, je pose 5 et je retiens 2, qui sont 2 dizaines; 5 fois 2 font 10, et 2 de retenus font 12, je pose 2 et je retiens 1, qui est 1 cent ; 5 fois 3 font 15 et 1 que j'ai retenu font 16, que je pose.

D. Comment peut-on faire la preuve de la multiplication ?

R. Par une autre multiplication dont l'un des facteurs est 2 fois, 3 fois, 4 fois, etc. plus petit, l'autre 2 fois, 3 fois, 4 fois, etc. plus grand que ceux de la règle, et le produit doit être égal.

Q. 15. Un marchand Drapier a vendu 1278 aunes de serge, à 6tt l'aune ; combien doit-il recevoir ?

R. 7668tt.

Operation.		ou	
Multiplicateur	1278	Multiplicande	6tt
Multiplicande	6tt	Multiplicateur	1278tt
Produit	7668tt		7668tt

D. Comment se fait la multiplication quand il y a plusieurs chiffres aux deux facteurs ?

R. On multiplie tous les chiffres du facteur supérieur par chaque chiffre du facteur inférieur ; mais lorsqu'on multiplie par le second chiffre , il faut mettre le premier chiffre du produit sous les dizaines , et les autres en avançant vers la gauche ; lorsqu'on multiplie par le troisième chiffre, on met le premier du produit au rang des centaines , etc.

D. Quand on a plusieurs produits , comment connoît-on le produit total ?

R. En additionnant les produits particuliers de chaque figure.

Preuve de la question 15e.

Q. 16. Un Manufacturier a vendu 639 aunes de drap , à 12tt l'aune ; combien doit-il recevoir ?

   R. 7668tt.

$$
\begin{array}{r}
639 \\
12^{tt} \\
\hline
1278 \\
639 \\
\hline
7668
\end{array}
$$

Autre preuve de la question 15e.

Q. 17. Combien faut-il payer pour 213 toises d'ouvrage , à 36tt la toise ?

   R. 7668tt.

$$
\begin{array}{r}
213 \\
36^{tt} \\
\hline
1278 \\
639 \\
\hline
7668^{tt}
\end{array}
$$

pr 6tt
pr 30tt

Q. 18. En supposant qu'il y a 5788 ans que le

monde existe , on demande combien il s'est écoulé
de jours depuis ce temps, en comptant 365 jours
pour chaque année ?

R. 2,112,620 jours.

$$
\begin{array}{r}
5788 \\
365 \\
\hline
28940 \\
34728 \\
17364 \\
\hline
2112620
\end{array}
$$

D. Quand il y a des zéros à la droite des facteurs , que faut-il faire ?

R. Il faut multiplier les chiffres positifs à l'ordinaire , et ajouter à la droite du produit autant de
zéros qu'il y en a dans les deux facteurs ensemble.

Q. 19. Combien coûteroient 400 muids de vin ,
à 60₶ le muid ?

R. 24000₶.

$$
\begin{array}{r}
400 \\
60₶ \\
\hline
24000₶
\end{array}
$$

D. Que faut-il faire quand il y a un zéro pour
première figure ou entre les chiffres du facteur
inférieur ?

R. Il faut le descendre au produit , et passer
au chiffre suivant.

Q. 20. Un vaisseau marchand est chargé de 425

barils de morue, qui doivent être vendus chacun 106^{tt}; on demande quelle somme produira cette cargaison ?

R. 44858^{tt}.

$$
\begin{array}{r}
425 \\
106^{tt} \\
\hline
\end{array}
$$

pr	6	2538^{tt}
pr	100	4250

$$
\begin{array}{r}
\hline
44858^{tt}
\end{array}
$$

~~~~~~~~~~~~~~~~~~~~~~~~~~~~~~

RÉDUCTION des espèces principales en leurs parties.

D. QU'APPELLE-T-ON espèces principales dans un nombre ?

R. Ce sont celles dont chaque unité en contient plusieurs autres d'une moindre valeur.

Ainsi dans un nombre composé de livres, de sous et de deniers, l'espèce principale, ce sont les livres ; dans un nombre de toises, pieds, pouces, etc. ce sont les toises, etc.

D. Comment réduit-on les entiers des espèces principales en leurs parties ?

R. En multipliant les entiers par les parties dont ils sont composés, et ajoutant au produit les parties quand il y en a.

Q. 21. Combien y a-t-il de deniers dans 578^{tt} ?

R. 907205.

578^{tt}

La livre vaut

$$578^{tt}$$
$$20^{s}$$

$$7560$$

Le sou vaut

$$12^{s}$$

$$90720$$

Q. 22. Combien y a-t-il de deniers dans 457^{tt} 4 ^{s} 8 ^{s} ?

R. 109,736?.

457^{tt} En multipliant par 20 , on a
20^{s} ajouté 4^{s} , et en multipliant par
            12 , on a ajouté 8^{s} , qui se trou-
9144 vent dans le nombre à réduire.
12

109736

Q. 23. On veut réduire 324 t. 4 pi. 4 po. 2 lig. tout en lignes , combien y en aura-t-il ?

R. 280,562 lig.

[110]Puisque la toise contient 6 pieds , il faut multiplier les toises par 6 et ajouter 4 pi. , etc.

$$32.4$$
La toise vaut   6 pi.

$$1948$$
Le pied vaut   12 po.

$$23380$$
Le pouce vaut   12 lig.

$$280562$$

C

Q. 24. Réduisez en minutes 365 jours, 5 heures, 48 minutes.

Le jour est de

$$
\begin{array}{r}
365 \\
24 \text{ heures} \\
\hline
1460 \\
730 \\
\hline
8760 \\
60 \text{ minutes} \\
\hline
525600
\end{array}
$$

L'heure vaut

DE LA DIVISION.

D. Qu'est-ce que la division ?

R. La division est une opération par laquelle on cherche combien de fois un nombre qu'on appelle *dividende* en contient un autre qu'on appelle *diviseur* ; ce combien de fois se nomme *quotient*.

D. Comment peut-on encore définir la division ?

R. On peut encore la définir, 1.º une opération par laquelle on ôte une quantité d'une autre plus grande, autant de fois qu'elle y est contenue ; 2.º une opération par laquelle on partage une quantité donnée en autant de parties égales que l'on veut.

Ainsi diviser 12 par 3, par exemple, c'est chercher combien de fois 12 contient 3 ; ou bien c'est ôter 3 du nombre 12 autant de fois qu'il y est contenu ; ou bien encore c'est partager le nombre 12 en 4 parties égales.

D. Quelles conséquences tirez-vous de ces définitions ?

R. 1.° Que si le diviseur est l'unité, le quotient sera égal au dividende; 2.° si le diviseur est plus grand que l'unité, le quotient sera plus petit que le dividende; 3.° si le diviseur est plus petit que l'unité, le quotient sera plus grand que le dividende : c'est ce qui arrive dans les fractions; 4.° que si on multiplie ou si on divise le dividende et le diviseur par un même nombre, le quotient sera toujours le même.

D. Quels sont les principaux usages de la division ?

R. La division sert, 1.° à découvrir combien de fois une quantité est contenue dans une autre; 2.° à partager un nombre en autant de parties égales, que l'on veut; 3.° à trouver la valeur d'une chose, par la connoissance du prix total de plusieurs; 4.° à rappeler les parties à leur tout, comme des pouces en pieds, des pieds en toises, des deniers en sous, des sous en livres, etc.; 5.° enfin à prouver la multiplication; car en divisant le produit par l'un des facteurs, le quotient doit donner l'autre facteur.

D. Comment fait-on la preuve de la division ?

R. En multipliant le diviseur par le quotient, et ajoutant au produit le reste de la division, s'il y en a un, ce produit doit être égal au dividende.

D. Comment faut-il disposer les termes de la division ?

R. On place sur une même ligne le dividende et le diviseur, séparés par une accolade; sous le diviseur on met le quotient, qui est la réponse.

Exemple.

Dividende 18 $\left\{ \begin{array}{l} 6 \text{ diviseur.} \\ \hline 3 \text{ quotient.} \end{array} \right.$

C 2

- D. Combien doit-il y avoir de chiffres au quotient d'une division ?

R. Autant qu'il y a de membres dans la division.

D. Qu'est-ce qu'on appelle membres de division ?

R. Ce sont les différentes parties du dividende pour lesquelles il faut faire des divisions particulières, lorsqu'on ne peut le diviser tout d'un coup.

D. Comment connoît-on le nombre de membres qu'il y a dans une division ?

R. En prenant d'abord autant de chiffres à la gauche du dividende qu'il en faut pour que tout le diviseur y soit contenu, on a le premier membre, et autant de figures qui restent au dividende ; c'est ce qui marque combien il doit y avoir de membres avec le premier. Si donc après avoir déterminé le premier membre il reste encore deux chiffres, il y aura trois membres de division, et par conséquent trois chiffres au quotient. Il est bon de mettre un point après le premier membre.

D. Que faut-il observer dans la division de chaque membre ?

R. 1.º Que le produit du diviseur par le chiffre qu'on pose au quotient, doit toujours être moindre que le membre que l'on divise, ou lui être égal ; 2.º que le restant de chaque division doit toujours être moindre que le diviseur ; 3.º qu'il ne peut y avoir plus de 9 au quotient pour chaque membre de division ; 4.º que lorsqu'après avoir descendu un chiffre pour former un nouveau membre, il arrive que le diviseur n'y est pas contenu, c'est-à-dire, que le membre est plus petit que le diviseur, il faut poser un zéro au quotient, et descendre un autre chiffre pour former le membre suivant.

Q. 25. On voudroit savoir combien de fois le nombre 6 est contenu dans 924 ?

R. 154 fois.

Opération.

Dividende	9.24	6 diviseur.
	6	
		154 quotient.

2e membre	32			Preuve.
	30			154
3e membre	24			6
	24			
				924
	00			

Je commence cette opération par la gauche, en disant : en 9 combien de fois 6, il y est une fois ; je pose 1 au quotient, par lequel je multiplie le diviseur, je mets le produit 6 sous le premier membre de la division, j'ôte ce 6 de 9 il reste 3, à côté de ce 3 je descends la figure suivante, et j'ai 32 pour 2e membre : je dis donc : en 32 combien de fois 6, il y est cinq fois que je pose au quotient ; ensuite je dis : 5 fois 6 font 30, que je pose sous 32 ; je fais la soustraction, il reste 2, à côté duquel je descends le 4 et j'ai 24 pour 3e membre, que je divise par 6, il vient 4 au quotient ; enfin je dis : 4 fois 6 font 24, que je pose sous ce 3e membre pour en faire la soustraction, il ne reste rien. Le diviseur 6 est donc contenu 154 fois dans le dividende 924.

Pour faire la preuve je multiplie le diviseur par le quotient, le produit donne le dividende ; ce qui prouve que la règle est bien faite.

Q. 26. Un Capitaine a destiné 4738^{tt} pour être distribués à 54 de ses soldats ; on demande combien chacun aura pour sa part ?

R. 87^{tt} + 40^{tt} de reste.

C 5

A B R I G É
Opération.

1er membre	473.8 (54	*Preuve.*	54
	432 {		87
	(87		
2e membre	418		578
	578		4320
			40
Reste	40		4738

Dans cette opération le diviseur 54 étant plus grand que les deux premiers chiffres 47 du dividende, il en faut prendre trois pour faire le premier membre ; alors je dis : en 47 combien de fois 5, il semble qu'il peut y aller 9 fois, mais 54 multiplié par 9 donneroit 486, qui est plus que 473, il ne peut donc y aller que 8 fois ; je mets donc 8 au quotient, par lequel je multiplie le diviseur, et j'ai 432 à soustraire du premier membre ; il reste 41, je descends le 8 et j'ai 418 pour 2e. membre ; je dis donc : en 41 combien de fois 5, je vois qu'il ne peut y aller que 7 fois, je pose 7 au quotient et je multiplie 54 par 7, il vient 578 à soustraire du 2e membre : la règle finie je trouve que chaque partageant aura 87^{rt}, et qu'il restera encore 40^{rt} à répartir entr'eux. Je fais la preuve à laquelle j'ajoute le reste 40^{rt}.

Q. 27. Un Marchand de chevaux assure que pendant le cours d'une année il a déboursé 2,601,648^{rt}, et que pour cette somme il a eu 6408 chevaux : on demande à combien lui revient chaque cheval ?
R. 406^{rt}.

	26016.48 (6408		6408
	25632 {		406
	(406		
2é et 3e membres	38448		38448
	38448		256320
	00000	*Preuve.*	2601648

Dans cette opération le premier membre est composé de cinq chiffres, parce que les quatre premiers du dividende font un nombre moindre que le diviseur.

Après avoir fait la soustraction du premier membre, et avoir descendu le 4 pour former le nombre 5844, qui est le second et qui est plus petit que le diviseur, j'ai mis un zéro au quotient, et j'ai descendu un autre chiffre pour faire le troisième membre ; puis j'ai continué comme ci-dessus.

Q. 28. Un particulier a 8764^{fr} de rente annuelle ; combien a-t-il à dépenser par jour ?

R. 24^{fr} et 4^{fr} de reste.

	8764	565	565
2e membre	1464	—	24
		24	
Reste	4		1460
			7304 reste
			8764

La méthode qu'on a suivie dans les trois premières questions sur la division, en portant sous le membre de division le produit du diviseur par chaque chiffre du quotient, étant un peu longue, on peut suivre celle qu'on a observée dans cette dernière question, en faisant la multiplication du diviseur à mesure qu'on met un chiffre au quotient ; et faisant la soustraction sans poser le produit : ainsi, dans cette opération, je dis : en 8 combien de fois 5, il y est 2 que je pose au quotient ; puis multipliant le diviseur, je dis : 2 fois 5 font 10, lesquels ôtés de 16 (parce que j'emprunte sur le 7 une unité qui vaut 10), il reste 6 ; pour tenir compte de cette dizaine empruntée, au lieu de diminuer d'une unité le chiffre 7, sur lequel j'ai emprunté, je retiens cette unité, que j'ajoute au produit suivant : 2 fois 6 font 12 et 1 de retenu font 13, qui ôtés de 17 reste 4, je retiens 1 ; enfin 2 fois 5 font 6 et un de retenu font 7 ; qui ôtés de 8 reste 1. Je descends le 4 pour former le 2e membre, et je dis : en 14 combien de fois 5, il y est 4 par lequel je multiplie 565, et ôtant le produit du 2e membre, comme on a fait pour le premier, il reste 4 qu'il faut ajouter à la preuve.

Q. 29. On demande combien il y a de louis de 24^{tt} dans 134,558^{tt} ?

R. 5606 louis et 14^{tt}.

	134.558	⌠24		5606
2e membre	145			24
3e et 4e membre.	158	⌊5606^{tt}		————
Reste	14			22424
				11212
				14
			Preuve.	————
				134558

Q. 30. Un Architecte a fait l'entreprise d'un bâtiment où il y a 9846 toises de maçonnerie à faire ; il veut y employer 27 ouvriers ; on désire savoir combien chacun aura de toises à faire ?

R. 364 toises et 18 de reste.

~~~~~~~~~~~~~~~~~~~~~~~~~~~~~~~~~~~~

Moyens d'abréger la division.

D. Ne peut-on pas abréger la division ?

R. On le peut, 1.° lorsque le diviseur est un chiffre seul ; 2.° lorsque le diviseur est formé de deux facteurs chacun d'un seul chiffre ; 3.° en retranchant un même nombre de zéros à la droite du dividende et du diviseur ; 4.° lorsque le diviseur est l'unité suivie d'un ou de plusieurs zéros.

Exemples du premier cas.

Q. 31. On demande combien il y a d'écus de 6^{lt} dans 924^{lt} ?

Prenez le sixième de   924

Il viendra................. 154 écus.

Q. 32. Partagez 94568^{lt} entre 8 personnes.

Prenez le $\frac{1}{8}$, 11821^{lt} pour chaque personne.

Exemples du second cas.

Q. 33. Combien y a-t-il de jours dans 18792 heures ?

R. 783.

Puisque chaque jour contient 24 heures, il faut diviser par 24, dont les facteurs sont 6 et 4 ; car 6 × 4 = 24.

                     18792

Le $\frac{1}{6}$............... 5102

Le $\frac{1}{4}$............... 783 jours.

Q. 34. On veut partager 98476^{lt} entre 72 personnes ; quelle sera la part de chacune ?

R. 1367^{lt}, et il reste 52^{lt}.

Les facteurs de 72 sont 8 et 9, parce que 8 × 9 = 72.

              98476

Le $\frac{1}{8}$.......... 10941 $\frac{4}{8}$

Le $\frac{1}{9}$.......... 1367 ; il reste 52^{lt}.

Quand ces divisions ne se font pas exactement, on pose le reste comme on voit dans cette opération, en mettant au-dessous le chiffre par lequel on divise. Ici, il restoit 7, qu'on nomme *numérateur*, sous lequel j'ai mis 9, appellé *dénominateur*, parce que je prenois le neuvième ; et quand on a fait la seconde division, pour avoir le reste total, il faut multiplier le Dr par le reste de cette seconde divi-

sion, et ajouter au produit le Nr. Ici il reste 5,
j'ai donc dit : 5 fois 9 font 45, et 7 font 52 pour
reste total.

Exemples du troisième cas.

Q. 35. Un Marchand a acheté 3700 aunes de sia-
moise qui lui ont coûté 14800ᵗ ; on demande à
combien lui revient l'aune ?

R. 4ᴺ.

Il faut retrancher autant de zéros au dividende
qu'au diviseur, et faire l'opération à l'ordinaire.

$$148.00 \left\{ \begin{array}{l} 37.00 \\ \rule{2cm}{0.4pt} \\ 4^N. \end{array} \right.$$

$$00$$

Q. 36. Un directeur des ponts et chaussées a 58700
toises de pavé à faire faire en différens endroits ;
il veut y employer 1300 ouvriers ; on voudroit savoir combien chaque ouvrier aura de toises à faire ?

R. 45 t. et 200 de reste.

$$587.00 \left\{ \begin{array}{l} 13.00 \ \textit{Preuve.} \ 1300 \\ \rule{2cm}{0.4pt} \quad\quad\quad 45 \\ 45 \ t. \end{array} \right.$$

$$67$$

Reste   200

6500
5200
200 res.
—————
58700.

Exemples du quatrième cas.

Il faut retrancher autant de chiffres de la droite
du dividende qu'il y a de zéros au diviseur, et les
chiffres retranchés forment le restant.

Q. 37. Si on partage 3476ᵗ entre 10 personnes,
combien auront-elles chacune ?

R. 347ⁿ et 6ᵈ de reste.

Q. 38. Partagez 78436ⁿ en 100 parties égales , ou divisez-les par 100 ?

R. 784ⁿ et 36ⁿ de reste.

Q. 39. On veut faire embarquer 68450 hommes sur plusieurs vaisseaux ; on demande combien il en faudra si chaque vaisseau porte 100 hommes ?

R. 68 vaisseaux , et 450 hommes de reste.

~~~~~~~~~~~~~~~~~~~~~~~~~~~~~~~~~~~

Réduction des parties en leurs entiers principaux.

D. Comment réduit-on les parties en leurs entiers principaux ?

R. En divisant le nombre de parties par la valeur de l'unité supérieure.

Q. 40. Combien y a-t-il de livres dans 90720 deniers ?

R. 378ᵗ.

Pour avoir des sous prenez le 1/12   90720   7560ˢ
Pour avoir des livres prenez le 1/20   378ᵗ

Remarque. Pour avoir le 20e d'un nombre , on retranche une figure à droite et on prend la ½ ou moitié des autres chiffres ; quand il reste 1 , on porte une dizaine aux sous.

Q. 41. Réduisez en livres   109,7563

R. 457ᵗ 4ˢ 8ᵈ.

Le 1/12 est   9145ˢ   8ᵈ.
Le 1/20 est   457ᵗ 4ˢ 8ᵈ.

` Q. 42. On demande le sou pour livre de cette somme 4732^{u} ?

R. 236^{u} 12^{s}.

Prenez le $\frac{1}{20}$ comme ci-dessus, 236^{u} 12^{s}.

Q. 43. Quel sera l'intérêt au den. 20 de 9845^{u} ?

R. 492^{u} 5^{s}.

Il faut encore prendre le $\frac{1}{20}$ 492^{u} 5^{s}.

Q. 44. Un Marchand avoit acheté pour 18536^{u} de marchandises, sur lesquelles il a gagné 5 pr $\frac{0}{0}$, quel est son bénéfice ?

R. 926^{u} 16^{s}.

5 étant le $\frac{1}{20}$ de cent, il faut prendre le $\frac{1}{20}$ de la somme.

~~~~~~

De la multiplication des nombres complexes.

QUAND on a un nombre à multiplier par des sous ou par des deniers, on peut faire la multiplication à l'ordinaire, puis on fait les réductions comme ci-dessus.

Q. 45. Combien faudroit-il payer pour 596 pommes à 1 sou la pièce ?

R. 29^{u} 16^{s}.

596 pommes
à   1 sou la pièce;
————————
Prenez le 20e de 596^{s}
Il viendra   29^{u} 16^{s}.

Q

Q. 46. A combien reviendront 348 aunes de ruban à 6 sous l'aune ?

R. 104^{ll} 8^s.

$$\begin{array}{r} 348 \text{ aunes} \\ \text{à} \quad 6 \text{ sous} \\ \hline 2088 \end{array}$$

Le $\frac{1}{15}$ 104^{ll} 8^s.

Q. 47. Combien doit-on payer pour 354 douzaines d'œufs achetés à 15 sous la douzaine ?

R. 265^{ll} 10^s.

$$\begin{array}{r} 354 \text{ douzaines} \\ \text{à} \quad 15 \text{ sous} \\ \hline 1770 \\ 354 \\ \hline 5310 \end{array}$$

Le $\frac{1}{10}$ 265^{ll} 10^s

Cette question et toutes ses semblables peuvent être opérées par les parties aliquotes de 20, comme il suit.

Table des parties aliquotes pour les sous sur 1^{ll} ou 20^s.

pr	10^s prenez	la $\frac{1}{2}$
pr	5^s	le $\frac{1}{4}$
pr	4^s	le $\frac{1}{5}$
pr	2^s	le $\frac{1}{10}$
pr	1^s	le $\frac{1}{15}$

D

| | 354 douz. | *Preuve.* | 177 douz. |
| | à 15ˢ | | à 1ᵗᵗ 10ˢ |

pr 10ˢ la ½	177ᵗᵗ		177ᵗᵗ
pr 5ˢ le ¼	88ᵗᵗ 10ˢ		88ᵗᵗ 10ˢ
	265ᵗᵗ 10ˢ		263ᵗᵗ 10ˢ

Q. 48. Un Marchand a vendu 284 aunes de drap à 18ᵗᵗ 14ˢ l'aune ; combien doit-il recevoir ?

R. 5310ᵗᵗ 16ˢ.

| | 284 aunes |
| | à 18ᵗᵗ 14ˢ |

pr 8ᵗᵗ	2272ᵗᵗ
pr 10ᵗᵗ	284
pr 10ˢ la ½	142
pr 4ˢ le ⅕	56 16ˢ
	5310ᵗᵗ 16ˢ

Après avoir opéré pour les livres , j'ai pris pour 10 sous la moitié du multiplicateur , ce qui m'a donné 142 liv. , et 4 sous étant le cinquième d'une livre ou de 20 sous , j'ai pris le cinquième de 284 , en disant : le cinquième de 28 est 5 pour 25 , il reste 5 qui valent 30 , et 4 font 54 ; le cinquième de 54 est 6 pour 30 , il reste 4 qui valent 8 dizaines de sous , dont le cinquième est 1 ; il reste 3 dizaines qui valent 30 sous , dont le cinquième est 6 ; il vient donc pour 4 sous , 56 liv. 16 sous , et pour produit total 5310 liv. 16 sous.

Q. 49. Combien me faudra-t-il débourser pour payer 186 journées d'ouvriers , à 2 liv. 13 sous 6 den. la journée ?

R. 497 liv. 11 sous.

```
                        186
                       2ᵈ  13ˢ  6ᵈ
              _____
                       372ᵈ
pr    10ˢ  la  ½        93
pr    2ˢ   le  ⅕        18    12
pr    1ˢ   la  ½         9     6
pr    1ᵈ   la  ½         4    13
              _____
                       497ᵈ   11ˢ
              _____
```

Preuve.

```
                       372
                       1ᵈ   6ˢ   9ᵈ
              _____
                       372
pr    5ˢ   le  ⅕        93ᵈ
pr    1ˢ   le  ⅕        18    12
pr    6ᵈ   la  ½         9     6
pr    3ᵈ   la  ½         4    13
              _____
                       497ᵈ   11ˢ
              _____
```

On voit par ces opérations combien il est aisé d'opérer pour les sous par les parties de 20, et comment on peut prendre partie sur partie, aussi-bien pour les deniers que pour les sous : ainsi dans la règle de cette dernière question, pour 10 sous j'ai pris la moitié du multiplicateur, pour 2 sous le cinquième du produit de 10 sous, parce que 2 est le cinquième de 10, pour 1 sou la moitié du produit de 2 sous, et enfin pour 6 deniers la moitié du produit de 1 sou.

Table des parties aliquotes de 12 pour avoir le produit des deniers sur celui d'un sou.

pr 1ᵈ prenez le $\frac{1}{12}$ pr 7 prenez pr 4 et pr 3
pr 2........le $\frac{1}{6}$ pr 8............4 et pr 4
pr 3........le $\frac{1}{4}$ pr 9............6 et pr 3
pr 4........le $\frac{1}{3}$ pr 10............6 et pr 4
pr 5 pren. pr 3 et 2 pr 11............8 et pr 3
pr 6........la $\frac{1}{2}$

Q. 50. On demande combien coûteront 284 aunes de toile à 48 sous 6 deniers l'aune ?

R. 688ᵗᵗ 14ˢ.

	284 aunes		
	2ᵗᵗ	8ˢ	6ᵈ
	568ᵗᵗ		
pr 4ˢ le $\frac{1}{10}$	56	16	
pr 4ˢ	56	16	
pr 6ᵈ le $\frac{1}{8}$ de 4ˢ	7	2	
	688ᵗᵗ	14ˢ	

Preuve.

	56.8ᵗᵗ	Pour un sou
	1ᵗᵗ 4ˢ 3ᵈ	supposé
		28ᵗᵗ 8ˢ
	568ᵗᵗ	
pr 4ˢ le $\frac{1}{5}$	113ᵗᵗ 12	
pr 5ᵈ le $\frac{1}{12}$	7 2	
	688ᵗᵗ 14ˢ	

Autre preuve.

688^{lt} 14^{s}	284	
120	2^{lt} 8^{s} 6^{d}	
20^{s}		
2414		
142		
12^{d}		
1704		
000		

Dans la preuve, après avoir opéré pour les livres et pour les sous comme ci-dessus, j'ai supposé un sou, dont j'ai fait le produit à part, en retranchant la dernière figure, prenant la moitié des chiffres à gauche, et posant aux sous le chiffre retranché ; ce produit de 1 sou est 28^{lt} 8^{s}, dont j'ai pris le quart pour 5^{d}. La preuve se fait aussi en divisant le produit par un des facteurs de la règle.

Q. 51. Un Marchand drapier a vendu 378 aunes de peluche à 14^{lt} 12^{s} 10^{d} l'aune, combien doit-il recevoir ?

R. 5554^{lt} 11^{s}.

	378 aunes	
	14^{lt} 12^{s} 10^{d}	
pr 4^{lt}	1512^{lt}	
pr 10^{lt}	378	
pr 10^{s} la $\frac{1}{2}$	189	
pr 2^{s} le $\frac{1}{5}$	37	16^{s}
pr 8^{d} le $\frac{1}{3}$ de 2^{s}	12	12
pr 2^{d} le $\frac{1}{4}$	3	3
	5554^{lt}	11^{s}

Preuve: 18.9   Pour 1 sou
     29^{tt} 5^{s} 8^{d} supposé
                    9^{tt} 9^{s}

	$livres$	$sols$	$deniers$
pr 9^{tt}	1701^{tt}		
pr 20^{tt}	578		
pr 5^{s}	47	5^{s}	
pr 6^{d} la $\frac{1}{4}$	4	14	6^{d}
pr 2^{d} le $\frac{1}{3}$	1	11	6
	5534^{tt}	11^{s}	

Dans la règle, au lieu de supposer 1^{s}, on a pris sur le produit de 2^{s}, pour 8^{d} le $\frac{1}{4}$, et pour 2^{d} le $\frac{1}{4}$ du produit de 8^{d}.

Q. 52. Un Maître maçon a fait un mur qui contient 245 toises carrées, à raison de 9^{tt} 14^{s} 9^{d} la toise pour sa main d'œuvre, on demande combien il doit recevoir ?

R. 2366^{tt} 4^{s} 5^{d}.

            245 toises
            9^{tt} 14^{s} 9^{d}

	$livres$	$sols$	$deniers$
pr 9^{tt}	2187^{tt}		
pr 10^{s} la $\frac{1}{2}$	121	10^{s}	
pr 4^{s} le $\frac{1}{2}$	48	12	
pr 6^{d} le $\frac{1}{2}$	6	1	6^{d}
pr 3^{d} la $\frac{1}{4}$	3	0	9^{d}
	2366^{tt}	4^{s}	5^{d}

Preuve.

$$121 \text{ t. } \tfrac{1}{3}$$
$$19^t \quad 9^s \quad 6^p$$

pr 9^t	1089^t		
pr 10^t	121		
pr 5^s le $\tfrac{1}{4}$	50	5	
pr 4^s le $\tfrac{1}{5}\,\tfrac{1}{5}$	24	4	
pr 6^p le $\tfrac{1}{5}$	5	0	6^p
pr $\tfrac{1}{2}$ t.	9	14	9
	2566^t	4^s	3^p

Dans la preuve, pour la $\tfrac{1}{2}$ toise on a pris la moitié du multiplicande $19^t\ 9^s\ 6^p$; si on avoit eu $\tfrac{1}{3}$ ou $\tfrac{1}{4}$ de toise, on auroit pris le $\tfrac{1}{3}$ ou le $\tfrac{1}{4}$, etc.

Q. 53. Un Menuisier a fait un lambris de sapin qui contient 28 t. 5 pi. 4 po. à raison de $23^t\ 16^s\ 6^p$ la toise, combien doit-il recevoir ?

R. $688^t\ 5^s\ 6^p$.

$$28 \text{ t. } 5 \text{ pi. } 4 \text{ po.}$$
$$25^t \quad 16^s \quad 6^p$$

pr 3^t	84^t		
pr 20^t	56		
pr 10^s	14		
pr 5^s	7		
pr 1^s	1	8^s	
pr 6^p	0	14	
pr 5 pi.	11	18	5^p
pr 1 pi.	3	19	5
pr 1 pi.	3	19	5
pr 4 po.	1	6	5
	688^t	5^s	6^p

Preuve:	5₇ t.	4 pi.	8 po:	
	11ᵈ	18ˢ	5ᵈ	

	57ˡᵗ			
pr 1ˡᵗ	57ˡᵗ			
pr 10ˡᵗ	57			Pour 1 sou
pr 10ˢ	28	10ˢ		supposé
pr 4ˢ	11	8		2ˡᵗ 17ˢ
pr 4ˢ	11	8		
pr 3ᵈ	0	14	3ᵈ	
pr 3 pi.	5	19	1	
pr 1 pi.	1	19	8	
pr 6 po.	0	19	10	
pr 2 po.	0	6	7	
	688ˡᵗ	5ˢ	5ᵈ	

Dans la preuve, le produit diffère d'un denier du produit de la règle, parce qu'on a négligé les fractions, et qu'il s'en trouve plus à la preuve qu'à la règle.

De la division des nombres complexes.

Aprés avoir divisé les unités principales, s'il en reste, on les réduit en sous-espèces, en y ajoutant les parties du dividende, s'il y en a.

Quand le diviseur est un nombre complexe, il faut en faire disparoître les parties, et multiplier le dividende par les mêmes nombres par lesquels on aura multiplié le diviseur.

Q. 54. Un Pêcheur a vendu 354 douzaines d'écrevisses, pour lesquelles il a reçu 265ᵗ 10ˢ ; on voudroit savoir combien il les a vendues la douzaine ?

R. 15ˢ.

$$
\begin{array}{l}
265^{tt}\ 10^s \quad \lbrace 354 \\
\quad\ 20 \\
\overline{\quad 5310^s} \quad \lbrace 15 \\
\quad 1770 \\
\quad\ 000
\end{array}
$$

Le nombre de livres étant plus petit que le diviseur, on les a réduites en sous, y ajoutant les 10ˢ.

Q. 55. Cinq pièces de drap qui contenoient 284 aunes, ont été vendues 5310ᵗ 16ˢ ; à combien revient l'aune ?

R. 18ᵗ 14ˢ.

$$
\begin{array}{l}
5310^{tt}\ 16^s \quad \lbrace 284 \\
2470 \\
\ 198 \quad\quad \lbrace 18^{tt}\ 14^s \\
\ \ 20 \\
\overline{\quad 5976} \\
\quad 1136 \\
\quad\ 000
\end{array}
$$

Q. 56. Un Citoyen ayant un ouvrage à faire y a destiné 497ᴸᵗ 11ˢ. D'après le calcul fait, il lui faudroit 186 journées d'ouvriers ; on demande combien il pourra donner à chaque ouvrier par jour?

R. 2ᴸᵗ 13ˢ 6ᵈ.

$$497^{lt} \; 11^s \left\{ 186 \right.$$

```
      497ᴸᵗ 11ˢ ⌠186
      125      ⎱
       20      ⎰2ᴸᵗ 13ˢ 6ᵈ

      2511
       651
        9⁵
        12

      1116
       000
```

Ces trois questions servent de preuves aux questions 47, 48 et 49.

Q. 57. Un Marchand drapier ayant à payer une lettre de change de 5534ᴸᵗ 11ˢ, il demande combien il doit vendre d'aunes de drap à 14ᴸᵗ 12ˢ 10ᵈ pour faire honneur à la lettre de change.

R. 578 aunes.

```
      5534ᴸᵗ 11ˢ ⌠    14ᴸᵗ 12ˢ 10ᵈ
        20      ⎱       20
                ⎰
      110691          292
         12            12

      1328292         3514
```

Dividende préparé 1328292 ⌠3514 diviseur préparé
                  27409   ⎱
                   281 12 ⎰578
                   00 00

Le diviseur étant un nombre complexe, je l'ai multiplié par 20 et par 12, pour faire disparoître les sous et les deniers; ensuite j'ai multiplié le divideude par les mêmes nombres.

Q. 58. Armand, marchand de bois à Nancy, ayant fait venir des Vôges plusieurs voitures de planches pour son menuisier, lui donne la facture, laquelle se monte à 12845ᵗ. 18ˢ 6ᵈ. Cet ouvrier ayant entrepris des lambris et autres ouvrages qu'il y a à faire aux bâtimens de son marchand de bois, est convenu avec ledit marchand que les ouvrages seront payés à raison de 25ᵗ 8ˢ 4ᵈ la toise. On demande combien le menuisier doit faire de toises pour acquitter sa dette ?

R. 505 t. 2 p. 5 po. avec une fraction.

12845ᵗ 18ˢ 6ᵈ   25ᵗ 8ˢ 4ᵈ
    20   20
───────────   ───────────
256918   508
    12   12
───────────   ───────────
50830.22 (6100   6100
   380.22
    25 22) 505 t. 2 pi. 5. po.
     6
───────────
  15132
   2952
    12
───────────
  35184
  4684 reste.

Q. 59. On voudroit savoir quelle est la longueur d'une chambre qui a 550 pi. 10 po. 8 lignes de superficie, et 22 pi. 4 po. de largeur.

R. 24 pi. 8 po.

550 pi. 10 po. 8 lig.   22 pi. 4 po.
   12   12
─────────────   ─────────────
6610   268
   12   12
─────────────   ─────────────
79328 ⎰ 3216   3216
15008 ⎱ ─────────────   ─────────────
 2144 ⎰   24 pi. 8 po.
   12
─────────────
25728
0000

La superficie étant le produit de la longueur par la largeur, il faut diviser cette superficie par la largeur pour avoir la longueur.

Q. 60. Un propriétaire veut employer 8756ᵗ 18ˢ 8ᵖ pour faire clorre de murs un jardin; l'entrepreneur qui doit tout fournir, lui demande 18ᵗ 12ˢ 6ᵖ de la toise carrée; on demande, 1.º combien on lui fera de toises carrées; 2.º quelle sera la longueur du contour des murs dont la hauteur est seulement de 8 pi. 4 po.

R. 1.º 470 t. 1 pi. carrés; 2.º 558 t. 5 pi. 1 po. longueur du contour des murs.

8756ᵗ 18ˢ 8ᵖ   ⎰ 18ᵗ 12ˢ 6ᵖ
   20   ⎱   20
─────────────   ─────────────
175138   372
   12   12
─────────────   ─────────────
11016.64 ⎰   4470
 5136 6 ⎱ ─────────────   ─────────────
    7 64 ⎱   470 t. pi. carrés.
       6
─────────────
  4584
   114

Il est visible qu'autant de fois il y aura 18ᵗ 12ᶠ 6ᵖ dans la somme que ce citoyen destine pour faire son ouvrage, autant de toises on lui en fera. Il faut donc diviser la somme par le prix d'une toise ; il vient 470 t. 1 pi. à peu-près.

Il est également clair que si l'on divise la superficie du mur par la hauteur, on aura la longueur. C'est ce qu'on a fait ; après avoir fait disparoître les parties ; il est venu pour la longueur du contour des murs 338 t. 3 pi. 1 po. ; ce qu'on a négligé est très-peu de chose.

$$470 \text{ t. } 1 \text{ pi.} \begin{cases} 8 \text{ pi. 4 po, hauteur des murs.} \\ 12 \end{cases}$$

$$6$$

$$\overline{282} \qquad \overline{100 \text{ po.}}$$

$$12$$

$$\overline{5385 2} \begin{cases} 100 \text{ po. hauteur.} \\ \hline 338 \text{ t. 3 pi. 1 po. longueur du contour} \\ \text{des murs.} \end{cases}$$

$$.385$$
$$.85 2$$
$$.5 2$$
$$6$$

$$\overline{512}$$
$$12$$

$$\overline{144}$$
$$.44$$

Des proportions ou règles de trois.

D, Qu'est-ce qu'une proportion ?

R. C'est l'égalité de deux rapports.

D. Combien y a-t-il de termes dans une proportion ?

R. Il y en a quatre, dont le premier et le troisième se nomment antécédens, et le deuxième et le quatrième conséquens. Le premier et le dernier se nomment aussi extrêmes, et les deux du milieu moyens.

D. Pourquoi appelle-t-on cette règle, *règle de trois ?*

R. C'est parce que des quatre termes qui la composent, trois seulement sont connus, et qu'ils servent à découvrir le quatrième.

D. Qu'est-ce qu'un rapport ?

R. C'est le résultat de la comparaison de deux nombres de même espèce, ou bien c'est le nombre de fois qu'un nombre en contient un autre ; ainsi le rapport de 12 à 4 est 3, parce que 12 contient 4 trois fois ; de même le rapport de 5 à 15 est un tiers, parce que 5 est le tiers de 15.

D. De quoi est donc composée la proportion en usage dans les règles de trois ?

R. Elle est composée de deux rapports égaux : ainsi ces quatre nombres 12, 3, 20 et 5 peuvent former une proportion, parce qu'il y a même rapport entre 12 et 3 qu'entre 20 et 5 : une proportion s'écrit ainsi, 12 : 3 :: 20 : 5, que l'on prononce, 12 est à 3 comme 20 est à 5.

D. Quelle est la propriété des proportions ?

R. La propriété fondamentale des proportions dont nous parlons ici, c'est que le produit des extrêmes est égal au produit des moyens. Ainsi dans la proportion ci-dessus $12 \times 5 = 60$, et $3 \times 20 = 60$; c'est-à-dire, 12 multiplié par 5 égale 60, et 3 multiplié par 20 égale 60.

D. Ne peut-on pas changer la place des termes d'une proportion sans la troubler?

R. Oui : on peut faire autant de changemens qu'il y a de termes, en mettant les extrêmes à la place des moyens, et en changeant la place des extrêmes comme on le voit ci-après, où le produit des extrêmes est toujours égal à celui des moyens, c'est-à-dire, 60.

$$12 : 5 :: 20 : 3$$
$$5 : 20 :: 3 : 12$$
$$3 : 12 :: 5 : 20$$
$$20 : 5 :: 12 : 3$$

Ces quatre changemens peuvent donner lieu à quatre questions différentes, comme on le verra ci-après.

D. Que résulte-t-il de ce qu'on vient d'exposer?

R. Que pour avoir un extrême inconnu, il faut faire le produit des moyens, et le diviser par l'extrême connu; de même pour avoir un moyen inconnu, il faut faire le produit des extrêmes, et le diviser par le moyen connu, le quotient donnera le terme demandé.

D. Quelles opérations peut-on faire sur les différens termes d'une proportion?

R. On peut multiplier ou diviser le premier et le second, ou le premier et le troisième par un même nombre, sans troubler la proportion; la réponse sera toujours la même : ceci sert à simplifier et à abréger les règles de trois. Ainsi si on a cette proportion $18 : 15 :: 54 : x$; en prenant le tiers du premier et du second terme, on aura $6:5::54:x$, et si on prend le sixième du premier et du troisième de celle-ci, on aura $1:5::9:x$. Dans ces proportions le quatrième terme sera toujours le même, c'est-à-dire, 45.

D. Quand le terme inconnu est le quatrième, que faut-il faire pour le découvrir ?

R. Il faut toujours multiplier le second par le troisième, et diviser le produit par le premier, le quotient donnera le quatrième.

~~~~~~~~~~~~~~~~~~~~~~~~~~~

Règle de trois droite simple.

D. Comment appelle-t-on encore les termes d'une règle de trois ?

R. Les termes que nous avons nommés ci-dessus antécédens et conséquens, sont aussi appelés causes et effets.

La cause est ce qui produit un effet ; l'effet est ce qui résulte d'une cause.

D. Qu'est-ce que la règle de trois droite simple ?

R. C'est une opération à laquelle donne lieu l'énoncé d'une question qui renferme quatre termes, dont trois sont connus, et dans laquelle la première cause contient la seconde de la même manière que le premier effet contient le second, c'est-à-dire, que la 1re cause : 2e :: le 1er effet : 2e effet.

Q. 61. On a acheté 12 aunes de ruban qui ont coûté 3ft ; combien coûteront 20 aunes du même ruban ?

R. 5ft.

Prop. 1re cause : 2e cause :: 1er effet : 2e effet.

$$12 : 20 :: 3 : x$$

26
3
——
Multipliez 20 par 3 et divisez 60 par 12, il viendra 5 pour réponse.

60 ⌠ 12
.0 ⌡ 5t

Remarque. Nous mettons les termes homogènes, c'est-à-dire, de même espèce, de suite et dans le même rapport : ainsi nous avons dit 12 aunes sont à 20 aunes comme 3t sont à x, qui marque le terme que l'on cherche, qui est 5t.

Q. 62. Un Tailleur a acheté 18 aunes de serge qui lui ont couté 54t, il lui en faut encore 15 aunes ; combien lui coûteront-elles ?

R. 45t.

18 : 15 :: 54 : x. Ou bien en prenant le tiers du 54 premier et du second terme.

$$6 : 5 :: 54 : x.$$

60
75
et le ⅙ du 1er et du 3e.

$$1 : 5 :: 9 : x$$

810 ⌠ 18
.90 ⌡ ——
00   45t

9
——
45t

On voit ici que l'opération se réduit à une seule multiplication, parce que le premier terme est l'unité.

D. Comment se fait la preuve d'une règle de trois ?

R. Par une autre règle de trois, dont le premier terme est le second de la règle, le second terme le premier de la règle, le troisième terme celui qu'on a eu pour réponse ; le quatrième doit être le troisième de la règle.

E 3

D. Ne peut-on pas faire cette preuve d'une autre manière ?

R. On peut la faire par autant d'opérations qu'il y a de termes dans la question, en considérant successivement comme inconnu un des nombres de la question proposée.

Q. 63. Un Coutelier a vendu 15 canifs à manche d'ivoire et à trois lames, pour lesquels il a reçu 45ᵗⁿ; il lui en reste encore 18 ; combien recevra-t-il à proportion s'il les vend au même prix ?

R. 54ᵗⁿ.

$$15 : 18 :: 45 : x.$$

Remarque. Cette opération est la preuve de la précédente.

$$
\begin{array}{l}
\quad\; 45 \\
\hline
\quad 90 \\
\quad 72 \\
\hline
\; 810 \quad \left\{ \; 15 \right. \\
\; .60 \quad \overline{} \\
\; 00 \quad \left\{ \; 54^{tn} \right.
\end{array}
$$

Q. 64. Un Maçon a employé 15 ouvriers pour faire un mur qui contient 105 toises ; on demande combien 47 ouvriers en feroient pendant le même temps ?

R. 329 toises.

$$15 : 47 :: 105 : x.$$

$$
\begin{array}{l}
\quad 105 \\
\hline
\quad 235 \\
\quad 470 \\
\hline
\; 4935 \quad \left\{ \; 15 \right. \\
\; .43 \quad \overline{} \\
\; 135 \quad \left\{ \; 329 \right. \\
\quad 00
\end{array}
$$

Q. 65. Il a fallu 47 ouvriers pour faire 329 habits en 10 jours ; combien en faudra-t-il pour en faire encore 105 pendant le même temps ?

R. 15 ouvriers.

Solution. 329 : 105 :: 47 : x = 15 ouvriers.

Q. 66. Un Cordonnier qui avoit huit ouvriers a fait faire 329 paires de souliers en 47 jours ; combien à proportion en fera-t-il faire en 15 jours, en employant un même nombre d'ouvriers ?

R. 105 paires.

Sol.   47 : 15 :: 329 : x = 105 paires.

Q. 67. Un Voyageur a fait 105 lieues en 15 jours ; combien lui faudra-t-il de jours pour en faire 329, s'il peut continuer de marcher avec la même vitesse ?

Sol.   105 : 329 :: 15 : x = 47 jours.

Remarque. On voit par les dernières questions, qu'on peut en proposer autant qu'il y a de nombres dans la première, et qu'elles se servent de preuves l'une à l'autre. Il faut aussi observer que dans les questions 65 et 66 il y a un nombre superflu, et c'est ce qui arrive quand un nombre est seul de son espèce, et qu'il n'est point de l'espèce du nombre demandé.

Les écoliers feront fort bien de se proposer à eux-mêmes toutes les questions qu'on peut déduire de celle qui leur est donnée.

Q. 68. Un Marchand de Nancy a fait venir de Marseille sept pièces d'huile d'olive, lesquelles pèsent net 3382 ½ ℔ poids de Marseille : on voudroit savoir, 1.° combien cela fait au poids de Paris, en supposant que 123℔ de Marseille ne fassent que 100℔ de Paris ; 2.° à combien lui revient cette huile poids de Paris, s'il en paie 15ˢ, poids de Marseille ?

R. 1.° 2750℔ ; 2.° 18ˢ 5ᵈ et une fraction.

1re Opération.

$$123 : 5582 \frac{1}{2} :: 100 : x$$

$$100$$

―――――――――――

558200

pr ½   50

―――――――――――

558250 { 123

.922

.615 { 2750ᵗᵇ poids de Paris,

.000

2e Opération.

5582 ½

15ˢ

―――――――――――

pr 10ˢ 1691ᵗᵗ

pr 5ˢ 845   10ˢ

pr ½   7ˢ 6ᵖ

―――――――――――

2536ᵗᵗ 17ˢ 6ᵖ { 2750

20

―――――――――――

50737   18ˢ 5ᵖ prix au

23237   poids de Paris,

1237

12

―――――――――――

14850

1100

Q. 69. Un Menuisier a fait 24 t. 4 pi. de lambris pour lesquelles il a reçu 689ᵗᵗ 2ˢ 6ᵖ, combien recevroit-il s'il faisoit encore 46 t. 1 pi. 6 po. du même ouvrage, et au même prix !

R. 24 t. 4 pi. : 46 t. 1 pi. 6 po. :: 689ᵗᵗ 2ˢ 6ᵖ : x
= 1292ᵗᵗ 2ˢ 2ᵖ ¹¹⁄₁₄₈.

24 t. 4 pi. : 46 t. 1 pi. 6 po. :: 689 ^{H} 2 ^{f} 6 ^{d}

6   6

148   277
12   12

1776   5550
        689 ^{H} 2 ^{f} 6 ^{d}
        533.0

20670
2067..
2067...

pr 2 ^{f} 555
pr 6 ^{d} 83 5 ^{f}

229478 6 ^{H} 5 ^{f} { 1776
.5187
.16358   { 1292 ^{H} 2 ^{f} 2 ^{d} $\frac{1}{141}$
.3746
.194
20

3885
.555
12

3996
.444

Règle de trois droite double.

D. Qu'est-ce que la règle de trois droite double !

R. C'est celle qui en renferme plusieurs droites simples.

D. Que faut-il observer pour résoudre ces sortes de règles !

R. Il faut faire autant d'opérations qu'il y a de termes homogènes pris deux à deux. La première règle aura pour ses deux premiers termes, deux termes de même espèce, et pour troisième terme, le nombre qui est de l'espèce du terme demandé. La seconde aura pour ses deux premiers termes deux autres nombres de même espèce entr'eux, et pour troisième la réponse de la première règle. S'il n'y a que deux règles, celle-ci donnera la réponse; s'il y en avoit davantage, on continueroit toujours de même, prenant pour les deux premiers termes deux nombres de même espèce, et pour troisième la réponse de la règle précédente.

Q. 70. Un Maître paveur a employé 7 ouvriers qui, en 13 jours, ont fait 182 toises d'une chaussée ; on voudroit savoir combien à proportion 12 ouvriers en feront de toises dans 8 jours ?

R. 192 toises.

1re Opération.

7 ouv. : 12 ouv. :: 182 : $x = 312$.
   182

———————
   2184
Le $\frac{1}{7}$ 312

2e Opération.

$$15 \text{ jours} : 8 :: 312 \text{ l.} : x = 192$$

$$5 \quad 2$$

$$\overline{}$$

$$
\begin{array}{l}
2496 \\
119 \\
\ 26 \\
00
\end{array}
\left\{
\begin{array}{l}
15 \\
\overline{} \\
192
\end{array}
\right.
$$

Q. 71. Dans une Manufacture de ruban où il y a 45 ouvriers, il s'est fait 13565 aunes de ruban en 25 jours, combien en feroit-on en 8 jours, s'il n'y avoit plus que 14 ouvriers qui y travaillassent ?

R. 1446 $\frac{4}{41}$

1re Opération.

$$15 \text{ jours} : 8 \text{ jours} :: 13565 : x = 4648$$

$$8$$

$$\overline{}$$

$$
\begin{array}{l}
108904 \\
149 \\
110 \\
184 \\
00
\end{array}
\left\{
\begin{array}{l}
23 \\
\overline{} \\
4648
\end{array}
\right.
$$

2e Opération.

$$45 \text{ ouv.} : 14 \text{ ouv.} :: 4648 : x.$$

$$14$$

$$\overline{}$$

$$
\begin{array}{l}
18592 \\
4648 \\
65072 \\
200 \\
207 \\
272 \\
2
\end{array}
\left\{
\begin{array}{l}
45 \\
\overline{} \\
1446 \frac{4}{41}
\end{array}
\right.
$$

Cette règle étant composée de deux règles de trois simples, on ne donnera point ici l'explication des opérations, qui sont les mêmes que pour les règles simples.

~~~~~~~~~~~~~~~~~~~~~~~~~~~~~~

Règle de trois inverse.

D. Qu'est-ce que la règle de trois inverse !

R. C'est celle où les causes sont en raison inverse de leurs effets , c'est-à-dire , que la plus grande cause produit un plus petit effet , et la plus petite cause un plus grand effet.

D. Comment s'opère la règle inverse !

R. Comme la droite , en multipliant le deuxième terme par le troisième , et divisant par le premier.

D. Qu'y a-t-il donc à observer dans la règle inverse !

R. C'est de mettre au premier terme la cause dont l'effet est inconnu , ou l'effet dont la cause est inconnue.

Q. 72. Il a fallu 15 ouvriers pour faire un certain ouvrage en 6 jours , combien faudroit-il de jours à 5 ouvriers pour faire le même ouvrage !

R. 18 jours.

2e cause. 1re cause. 1er effet. 2e effet.
$$ 5 \; : \; 15 \; :: \; 6 : x = 18 $$

$$ \begin{array}{c} 6 \\ \hline \end{array} $$

$$ \left. \begin{array}{c} 90 \\ 40 \\ 0 \end{array} \right\{ \begin{array}{c} 5 \\ \hline 18 \end{array} $$

Il est évident que moins il y aura d'ouvriers, plus il leur faudra de jours pour faire le même ouvrage ; la règle est donc inverse : ainsi il faut dire, la 2e cause ; à la 1re cause :: le 1er effet : 2e effet.

Q. 73. Un Voyageur a été 12 jours pour faire 107 lieues, lorsqu'il marchoit 11 heures par jour : il lui reste encore autant de chemin à faire ; mais il ne veut marcher que 9 heures par jour ; combien sera-t-il de temps pour achever sa route ?

R. 14 jours $\frac{2}{3}$.

Il est visible que moins il marchera d'heures par jour, plus il lui en faudra employer ; la règle est donc inverse. Il faut aussi remarquer que 107 est ici un terme superflu.

$$9 : 11 :: 12 \text{ jours} : x = 14 \text{ jours} \frac{2}{3}.$$

Remarque. Au moyen de ces règles on peut faire celles que nous nommons inverses doubles et composées.

~~~~~~

Règle du cent et du mille.

D. QU'EST-CE que la règle du cent ?

R. C'est une opération par laquelle on découvre le prix ou la valeur du cent, par la connoissance que l'on a de la valeur d'un nombre quelconque.

D. Que faut-il faire pour multiplier un nombre par cent ?

R. Il suffit d'y ajouter deux zéros.

F

D. Quand on a des sous à multiplier par cent, que faut-il faire pour avoir des livres au produit ?

R. Il faut multiplier les sous par 5, parce que 100^s font 5^{tt}, et ce produit se pose au lieu des deux zéros dont on vient de parler.

D. Et pour multiplier les deniers par 100 ?

R. Il faut prendre par les parties aliquotes de 12 sur 5^{tt}, prenant pour 6^d la $\frac{1}{4}$, pour 3 le $\frac{1}{8}$, etc.

D. Que faut-il faire pour diviser un nombre par cent ?

R. Il faut en retrancher deux figures ou chiffres à droite.

Q. 74. Combien coûteront 100 aunes de ruban à 6^s l'aune ?

R. 30^{tt}.

Puisque $100^s = 5^{tt}$, si au lieu de multiplier 6 par 100 pour avoir des sous, je multiplie par 5, j'aurai des livres ; ainsi $6 \times 5^{tt} = 30^{tt}$.

Q. 75. Combien coûteront 100 aunes de serge, si l'aune se vend $7^{tt} 9^s 6^d$?

R. $747^{tt} 10^s$.

$$7^{tt} \quad 9^s \quad 6^d$$
$$5$$

pr $7^{tt} 9^s$	745^{tt}
pr 6^d	$2 \quad 10$

$$747^{tt} \ 10^s$$

Q. 76. Un Marchand a vendu 100 aunes de toile à 2ᴸ 17ˢ 8ᵈ l'aune ; combien doit-il recevoir ?

R. 288ᴸ 6ˢ 8ᵈ.

$$2^{L}\ 17^{s}\ 8^{d}$$
$$5$$

pr 2ᴸ 17ˢ	285ᴸ		
pr 6ˢ	2	10	
pr 2ᵈ	0	16	8

288ᴸ 6ˢ 8ᵈ

Q. 77. Si une livre de café coûte 18ˢ 9ᵈ, combien coûteront 100 ℔ ?

R. 93ᴸ 15ˢ.

$$18^{s}\ 9^{d}$$
$$5$$

	90ᴸ	
pr 6ˢ	2	10
pr 3ᵈ	1	5

93ᴸ 15ˢ

Q. 78. Un Tailleur a payé 1441ᴸ 15ˢ 4ᵈ pour 100 aunes de drap ; on demande à combien lui revient l'aune ?

R. 14ᴸ 8ˢ 4ᵈ.

$$1441^{L}\ 15^{s}\ 4^{d}$$
$$20$$

8.33ˢ
$$12$$

4.00

Q. 79. Un Marchand ayant vendu 27 aunes de panne, a reçu 201ᴸ 5ˢ ; combien recevra-t-il pour 100 aunes ?

R. 745ᴸ.

D. Comment se fait la règle de mille ?

R. Comme celle du cent ; toute la différence consiste à ajouter 3 zéros aux livres qu'on veut multiplier par 1000, à multiplier le nombre des sous par 50ᴸ, et à prendre pour les deniers sur 50ᴸ par les parties aliquotes de 12.

Pour diviser par 1000, il faut retrancher 3 chiffres sur la droite.

Q. 80. Combien faudroit-il payer pour mille bouteilles de vin à 9ˢ la bouteille ?

R. 450ᴸ.

$$Sol. \; 9 \times 50^L = 450^L.$$

Puisque 1000ˢ = 50ᴸ ; si, au lieu de multiplier 9ˢ par 1000 pour avoir des sous, je multiplie par 50, j'aurai des livres : ainsi 9 × 50ᴸ = 450ᴸ.

Q. 81. Un Épicier a acheté un millier de poivre à 2ᴸ 5ˢ 4ᴰ la livre, combien doit-il payer ?

R. 2166ᴸ 15ˢ 4ᴰ.

$$
\begin{array}{r}
2^L \; 5^S \; 4^D \\
50 \\
\hline
2150^L \\
pr \; 4^D \qquad 16 \quad 15^S \; 4^D \\
\hline
2166^L \; 15^S \; 4^D \\
\hline
\end{array}
$$

Q. 82. Un Roulier a conduit de Rouen à Paris, 4 ballots de marchandises qui pesoient ensemble

3275, à raison de 28ᵗ 4ˢ 6ᵈ le millier : on demande combien il doit recevoir ?

R. 92ᵗ 8ˢ 9ᵈ.

$$1000 : 3275 :: 28^{tt} \quad 4^s \quad 6^d$$
$$28^{tt} \qquad 4^s \qquad 6^d$$

————————————————————

26200
6550
pr 4ˢ   655
pr 6ᵈ le ⅓   81   17ˢ   6ᵈ

————————————————————

92,456ᵗ   17ˢ   6ᵈ
20

————————————————————

8 737ˢ
12

————————————————————

8 850ᵈ

Dans la réponse on a mis 9ᵈ, parce qu'il y a 8ᵈ et une grande fraction.

~~~~~~~~~~~~~~~~~~~~~~~~~~~~~~

Règle d'intérêt.

D. Qu'est-ce que la règle d'intérêt ?

R. C'est une opération que l'on fait pour connoître la reute que produit un capital placé à un denier quelconque, ou à tant pour cent.

D. En combien de manières peut-on placer son argent ?

R. En deux manières ; 1.° à un tel denier ; par

F 5

exemple, au denier 25, 20, etc. c'est-à-dire, que
pour chaque 25ᵉ, ou 20ᵉ que l'on place, on retire 1ᵉ au bout d'un an : 2.° à tant pour cent, par
exemple, à 4, à 5, etc. c'est-à-dire, que pour
chaque 100ᵉ de capital, on recevra au bout d'un
an 4ᵉ ou 5ᵉ ; c'est ce qui s'appelle la rente.

Q. 83. Un Ouvrier ayant amassé 1500ᵉ par ses
épargnes, veut se faire une rente ; pour cela il
place son argent à constitution au ^{d} 20 ; on demande quelle sera sa rente annuelle ?

R. 75ᵉ.

$$20 \; : \; 1500 \; :: \; 1 \; : \; x = 75.$$

Q. 84. On demande quelle sera la rente annuelle d'un officier qui a fait un contrat de constitution de 13815ᵉ au denier 25 ?

R. 552ᵉ 12ˢ.

$$25 \; : \; 13815 \; :: \; 1 \; : \; x =$$
$$1$$

13815	25
131	
.65	552ᵉ 12ˢ
15	
20	

500
.50
00

Q. 85. Je voudrois savoir quel capital il faudroit
placer à 4 pr $\frac{c}{c}$, afin de se faire une rente annuelle de 552ᵉ 12ˢ.

R. 13815ᵉ.

Puisque 4 est comme la rente de 100ᴹ , j'aurai cette proportion.

$$4 : 100 :: 552^{ᴸ} \ 12^{ˢ} : x$$
$$5$$

5526ᴸ

Le ⅓   15815 *Réponse.*

Q. 86. Combien recevrai-je au bout d'un an et demi , si je place 4620ᴸ au denier 25 ? R. 277ᴸ 4ˢ.

$$25 : 4620 :: 1 : x = 184^{ᴸ} \ 16^{ˢ} \text{ rente d'un an.}$$

```
    1
 4620  ( 25
 212  {  ————————
 .120 {  184ᴸ   16ˢ
 .20     92     8 rente de 6 mois.
  20     ————————
 ————    277ᴸ    4ˢ Réponse.
 400
 150
 00
```

Ou bien 12 m. : 18 m. :: 184ᴸ 16ˢ : x.

```
            184ᴸ  16ˢ
         ——————————————
            1472ᴸ
            184
 pr 10ˢ      9
 pr  5ˢ      4    10ˢ
 pr  1ˢ      0    18
         ——————————————
            5526ᴸ  8ˢ  ( 12
            .92         ————————
            .86         277ᴸ  4ˢ
            .2
            20
         ——————————————
            48
            00
```

Règle d'escompte.

D. Qu'est-ce que l'on entend par l'escompte ?

R. C'est une remise que fait un créancier sur une dette, ou une diminution qu'il accorde sur le prix des marchandises qu'il a vendues à crédit, pour être payé avant l'échéance du terme.

D. Comment se fait l'escompte en France ?

R. En diminuant à raison de 4, 5, etc. pour cent par an ; ainsi si je devois payer 100^{lt} au bout d'un an, et qu'en payant comptant j'obtinsse 4 pr $\frac{1}{2}$ d'escompte, je ne payerois que 96^{lt}.

Q. 87. Un Marchand ayant acheté pour 650^{lt} de marchandises à un an de crédit, à condition qu'on lui accordera 4 pr $\frac{1}{2}$ d'escompte par an s'il devance le paiement, on demande combien il doit payer comptant ?

R. 624^{lt}.

$$100 : 650 :: 96 : x \text{ ou } 2 : 13 :: 96 : R.$$

$$
\begin{array}{r}
13 \\
\hline
1248 \\
\end{array}
$$

Là $\frac{1}{2}$ 624

Q. 88. Un Négociant a vendu pour 1260^{lt} de marchandises à un an de crédit ; il prie son débiteur de le payer trois mois après la vente ; celui-ci qui souffre du dommage en avançant cette somme, obtient un escompte à raison de 5 pr $\frac{1}{2}$ par an ; combien doit-il rabattre sur la somme ?

R. 47^{lt} $\frac{1}{2}$.

$$10 \cdot 0 : 126 \cdot 0 :: 5 : x \text{ ou } 2 : 126 :: 1 : x = 63.$$

Puisque pour un an on auroit 63^{tt} d'escompte, il faut faire cette proportion pour trouver ce qu'on aura pour 9 mois :

$$12 : 9 :: 63 : x$$
$$9$$

$$
\begin{array}{l}
56 7 \\
.8 7 \\
.3
\end{array}
\left\{
\begin{array}{l}
12 \\
\overline{} \\
47 \tfrac{1}{2} \text{ ou } \tfrac{1}{2}.
\end{array}
\right.
$$

Autre méthode.

Puisqu'on a 5 pr $\frac{2}{7}$ par an, il faut chercher combien on aura pour 9 mois, en disant :

$$12 : 9 :: 5 : R. = 5^{tt} \, 15^{s}$$

Ensuite 100 : 1260 :: 5^{tt} 15^{s} : R. 47^{tt} 5^{s}.

$$5^{tt} \, 15^{s}$$

$$
\begin{array}{l}
\overline{} \\
3780^{tt} \\
\text{pr } 10^{s} \quad 630 \\
\text{pr } 5^{s} \quad 315 \\
\overline{} \\
47 . 25^{tt} \\
20 \\
\overline{} \\
5.00^{s}
\end{array}
$$

Règle de compagnie.

D. Qu'est-ce que la règle de compagnie ?

R. C'est une opération qui sert à partager entre plusieurs associés le profit ou la perte qui résulte de leur société.

D. Comment se fait ce partage ?

R. Il se fait en parties proportionnelles aux mises des associés , et au temps que leur argent est resté dans la société ; ce qui se fait par plusieurs règles de trois droites.

D. Quels sont les termes de ces règles de trois ?

R. Le premier terme est la somme des mises , le second la somme que l'on veut partager ; les troisièmes termes sont les mises particulières , les quatrièmes termes donnent la part de chaque associé.

Q. 89. Trois Marchands de bois ont acheté une petite coupe de bois ; le premier y a contribué pour 275^{tt}, le second pour 475^{tt}, le troisième pour 500^{tt} : à ce marché ils ont gagné 150^{tt} ; on demande quel sera le gain de chacun , à proportion de sa mise ?

R. 33^{tt} part du premier.   275
57^{tt} part du second.   475
60^{tt} part du troisième.   500

————————

150 preuve   1250 somme totale
————————   des mises.

$$1250 : 150 :: \left\{ \begin{array}{c} 275 \\ 475 \\ 500 \end{array} \right\} : \begin{array}{l} 33 \text{ part du premier.} \\ 57 \text{ part du second.} \\ 60 \text{ part du troisième.} \end{array}$$

Q. 90. Quatre Négocians ont fait un armement

dans lequel le premier a mis 8500ˡᵗ, le second 10075, le troisième 11825, et le quatrième 12650ˡᵗ; ils ont gagné tous frais faits 10000ˡᵗ; combien reviendra-t-il du bénéfice à chaque armateur ?

```
  8500
 10075
 11825
 12650
─────────
 43050
```

```
                43050  :  10000  : :
   { 8500  }       1er  1074ˡᵗ  8ˢ  11ᵈ   171
   { 10075 }       2e   2340    6   0     ...
   { 11825 } : 3e       2746   16   1     ...
   { 12650 }       4e   2938    8   10    ...
           ─────────────────────────────
           Preuve 10000ˡᵗ
```

Q. 91. Un Négociant ayant mal réussi dans une entreprise, a été obligé de donner son bilan; il s'est accommodé avec ses créanciers qui sont au nombre de 5, et leur a laissé 45800ˡᵗ; or, il devoit 18600ˡᵗ au premier; il devoit au second 24500ˡᵗ, au troisième 25100ˡᵗ, au quatrième 32400ˡᵗ, et au cinquième 36000ˡᵗ; on demande combien chaque créancier perdra dans cette banqueroute?

```
  18600
  24500
  25100
  52400
  36000
```

———————

156600^{tt} somme qui étoit due.

  45800

———————

90800^{tt} perte totale.   156600^{tt} : 90800^{tt} : :

⎧ 18600 ⎫	1er	12363^{tt}	13^s	9^b	¼¼¼
⎪ 24500 ⎪	2e	16485	10	1	¼¼¼
⎨ 25100 ⎬ :	3e	16684	6	8	¼¼¼
⎪ 52400 ⎪	4e	21536	14	11	¼¼¼
⎩ 36000 ⎭	5e	23929	14	5	¼¼¼

—————————————————————

Preuve. 90800^{tt}

=======================

Si on vouloit avoir la part que chaque créancier doit retirer de la somme laissée par le Négociant, au lieu de mettre la perte au 2e terme, on y mettroit la somme qu'ils doivent se partager.

∼∼∼∼∼∼∼∼∼∼∼∼∼∼∼∼∼∼∼∼∼∼∼

Règle de compagnie composée.

D. En quoi cette règle diffère-t-elle de la précédente !

R. Toute la différence consiste à multiplier la mise de chaque associé, par le temps qu'il l'a laissée dans la société : et la somme de toutes les mises ainsi multipliées représentera le fonds de la société.

Q. 92. Trois Négocians ont fait société, et ont gagné 1800^{tt}; le premier avoit mis 1200^{tt} pour 8

mois,

mois, le second 1450^{tt} pour 6 mois, et le troisième 2000^{tt} seulement pour 4 mois; combien chacun doit-il recevoir du bénéfice à proportion de sa mise, et du temps qu'il a laissé son argent dans la société ?

$$1200 \times 8 = 9600$$
$$1450 \times 6 = 8700$$
$$2000 \times 4 = 8000$$

$$26300$$

$$26300 : 1800 :: \left\{ \begin{array}{c} 9600 \\ 8700 \\ 8000 \end{array} \right\} : \begin{array}{ll} 1er & 657^{tt} \\ 2e, & 5y5 \\ 3e & 547 \end{array}$$

Preu·   1800^{tt}

Q. 93. Trois Marchands se sont associés pour quatre ans, à la fin desquels leur bénéfice a été de 5400^{tt}. Le premier avoit mis 3500^{tt} qu'il n'a laissées qu'un an, le second 5000^{tt} pendant deux ans et demi, et le troisième a laissé sa mise qui étoit de 6800^{tt} jusqu'à la fin de la société; quelle doit être la part de chaque associé dans le gain ?

$$3500 \times 1 = 3500$$
$$5000 \times 2\tfrac{1}{2} = 12500$$
$$6800 \times 4 = 27200$$

$$43200$$

$$43200 : 5400 :: \left\{ \begin{array}{c} 3500 \\ 12500 \\ 27200 \end{array} \right\} : \begin{array}{lll} 1er & 437^{tt} & 10^s \\ 2e & 1562 & 10 \\ 3e & 5400 \end{array}$$

Preuve.   5400

G

Des Fractions.

D. Qu'est-ce qu'une fraction ?

R. C'est une ou plusieurs parties de l'unité, partagée en un nombre quelconque de parties égales.

D. Comment exprime-t-on les fractions ?

R. Par deux nombres placés l'un au-dessus de l'autre, et séparés par une ligne : tels sont $\frac{1}{2}$, $\frac{2}{3}$, $\frac{4}{5}$, $\frac{7}{4}$, etc. que l'on énonce en disant : un demi, deux tiers, quatre cinquièmes, sept quarts, etc.

D. Comment appelle-t-on les deux termes d'une fraction ?

R. Le terme supérieur se nomme *numérateur*, et le terme inférieur *dénominateur*.

D. Que marquent ces deux termes ?

R. Le numérateur marque combien la fraction contient de parties de l'unité, et le dénominateur en combien de parties égales l'unité est divisée : ainsi cette fraction $\frac{3}{4}$ marque que l'unité est partagée en quatre parties égales, et qu'on a trois de ces parties. Si donc je coupe une pomme en quatre parties égales, et que j'en retienne trois morceaux, j'aurai les trois quarts de la pomme, ce qui se marque par cette fraction $\frac{3}{4}$.

D. Comment peut-on considérer une fraction ?

R. Comme une division dont le numérateur est le dividende, et le dénominateur le diviseur.

D. Que peut-on conclure de là ?

R. Les mêmes conséquences qu'on a tirées de la définition de la division ; savoir :

1.º Lorsque le numérateur égale le dénominateur, la fraction vaut un entier ou l'unité ;

2.º Lorsque le numérateur est plus petit que le dénominateur, la fraction est plus petite que l'unité ;

3.º Lorsque le numérateur est plus grand que le dénominateur, la fraction est plus grande que l'unité ;

4.º Plus le numérateur est petit, le dénominateur restant le même, plus la fraction est petite ; et plus le numérateur est grand, le dénominateur restant le même, plus la fraction est grande ;

5.º Au contraire, plus le dénominateur est petit, le numérateur restant le même, plus la fraction est grande ; et plus le dénominateur est grand, plus la fraction est petite ;

6.º Qu'il y a deux moyens de diviser une fraction, 1.º en divisant son numérateur, 2.º en multipliant son dénominateur ; et deux moyens de multiplier une fraction, 1.º en multipliant son numérateur, 2.º en divisant son dénominateur ;

7.º Si l'on multiplie ou si l'on divise les deux termes d'une fraction par un même nombre, elle ne changera pas de valeur : ainsi $\frac{1}{2}=\frac{2}{4}$ $\frac{11}{12}=\frac{1}{1}$ $\frac{50}{100}=\frac{1}{2}$;

8.º La fraction vaut autant d'unités que le numérateur contient de fois le dénominateur : ainsi $\frac{8}{4}=2$, $\frac{44}{11}=4$, etc.

Des réductions des fractions.

D. Qu'est-ce que les réductions des fractions ?

R. C. sont divers changemens qu'on fait subir aux fractions, sans que pour cela elles changent de valeur.

D. Quelles sont les principales réductions ?

R. On en compte six ; 1.º réduire des entiers ou des entiers et fractions, en une seule fraction ;

2.º Réduire des fractions en entiers, lorsqu'elles en contiennent ;

3.º Réduire les fractions à leur plus simple expression ;

4.º Réduire les fractions au même dénominateur ;

5.º Réduire les fractions de fraction en une seule fraction ;

6.º Évaluer les fractions en espèces connues.

Première réduction.

On réduit des entiers en fractions, en les multipliant par le dénominateur donné. Lorsqu'il y a une fraction jointe aux entiers, on ajoute le numérateur au produit.

Q. 94. Combien y a-t-il de quarts dans trois unités ?

R. 12 quarts ; car $3 \times 4 = 12$.

Q. 95 Réduisez 18 aunes en huitièmes.

Solution. $18 \times 8 = \frac{144}{8}$.

Q. 96. On veut réduire $7\frac{2}{3}$ en une seule fraction.

$7 \times 3 = 21 + 2 = 23$ donc $\frac{23}{3}$.

Seconde réduction, preuve de la première.

Pour réduire les fractions en entiers, lorsqu'elles en contiennent, il faut diviser le numérateur par le dénominateur, le quotient donnera les unités ; le reste, s'il y en a, sera le numérateur d'une fraction qui aura pour dénominateur celui de la fraction primitive.

Q. 97. Donnez-moi les entiers contenus dans $\frac{44}{8}$.

Sol. Le $\frac{1}{4}$ de 12 est 3.

La réponse est donc 3 unités.

Q. 98. Un Tailleur a acheté en différentes fois 144 huitièmes d'aunes de drap ; combien cela fait-il d'aunes ?

R. 18 aunes.

Sol. Le $\frac{1}{8}$ de 144 est 18 aunes pour réponse.

Q. 99. Combien y a-t-il d'unités dans cette fraction $\frac{435}{19}$?

R. 22 $\frac{17}{19}$.

$$435 \left\{ \begin{array}{l} 19 \\ \overline{22} \end{array} \right.$$

$$.55$$
$$17$$

Troisième réduction.

Pour réduire une fraction à sa plus simple expression, il faut diviser ses deux termes par un même nombre, ou par le plus grand commun diviseur.

Q. 100. Réduisez les fractions $\frac{4}{8}$, $\frac{9}{15}$, et $\frac{14}{10}$ à leur plus simple expression.

R. $\frac{1}{7}$, $\frac{1}{4}$ et $\frac{1}{4}$.

Ici on a pris le quart des deux termes de la première fraction, le tiers de ceux de la seconde, et le dixième de ceux de la troisième.

D. Qu'est-ce que le plus grand commun diviseur de deux nombres ?

R. C'est le plus grand nombre qui les divise tous deux exactement et sans reste.

D. Que faut-il faire pour trouver le plus grand commun diviseur des deux termes d'une fraction ?

G 3

R. Il faut diviser le Dr par le Nr ; s'il ne reste rien , ce sera le Nr qui sera le plus grand commun diviseur ; s'il y a un reste , il faut diviser le premier diviseur par ce reste , et continuer ainsi la division jusqu'à ce qu'elle se fasse sans reste ; et le dernier diviseur qu'on aura employé sera le plus grand commun diviseur , par lequel il faudra diviser les deux termes de la fraction.

Q. 101. Réduisez $\frac{50}{175}$ à sa plus simple expression.

R. $\frac{2}{7}$.

Il faut diviser 200 par $\left\{\begin{array}{c} 25 \\ \hline 15 \end{array}\right.$
.69
00

Puisqu'il ne reste rien , c'est 25 qui est le plus grand commun diviseur ; donc $\frac{50}{175}=\frac{2}{7}$.

Q. 102. On veut réduire à sa plus simple expression $\frac{54}{459}$.

R. $\frac{3}{17}$.

$459 \left\{\begin{array}{c} 81 \\ \hline 5 \end{array}\right. \left\{\begin{array}{c} 54 \\ \hline 1 \end{array}\right. \left\{\begin{array}{c} 27 \\ \hline 2 \end{array}\right.$ plus grand commun diviseur.

54   27
                    00

$81 \left\{\begin{array}{c} 27 \\ \hline 3 \text{ nouveau Nr.} \end{array}\right.$ $459 \left\{\begin{array}{c} 27 \\ \hline 17 \text{ nouveau Dr.} \end{array}\right.$

.0   189
                                         00

Quatrième réduction.

Pour réduire plusieurs fractions en même dénomination , il faut choisir un nombre qui puisse être divisé sans reste par chacun des dénominateurs , et en faire le Dr commun , le diviser par chaque Dr particulier , et multiplier les deux termes de chaque fraction par le quotient , on aura de nouvelles fractions , égales aux premières.

Q. 103. Mettez en même dénomination les fractions suivantes $\frac{1}{2}$, $\frac{1}{5}$ et $\frac{1}{4}$.

R. $\frac{6}{12}$, $\frac{4}{12}$, et $\frac{3}{12}$.

Je vois que 12 est multiple de 2, de 5 et de 4, c'est-à-dire, qu'il peut être divisé sans reste par chaque Dr ; j'en fais le dénominateur commun et je fais l'opération suivante.

$$12$$
$$\frac{1}{2} \times 6 = \frac{6}{12}$$
$$\frac{1}{5} \times 4 = \frac{4}{12}$$
$$\frac{1}{4} \times 3 = \frac{3}{12}$$

D. Comment trouve-t-on le Dr commun en général ?

R. En multipliant tous les dénominateurs l'un par l'autre : on peut se dispenser de multiplier par ceux qui sont sous-multiples de quelque autre.

Q. 104. On veut réduire ces fractions $\frac{1}{3}$, $\frac{4}{7}$, $\frac{1}{6}$ et $\frac{1}{8}$, en même dénomination.

R. $\frac{160}{240}$, $\frac{192}{240}$, $\frac{100}{240}$, et $\frac{110}{240}$.

$$240$$

$\begin{array}{l} 6 \\ 5 \\ \hline 50 \\ 8 \\ \hline 240 \end{array}$
$$\frac{1}{3} \times 80 = \frac{160}{240}$$
$$\frac{1}{5} \times 48 = \frac{192}{240}$$
$$\frac{1}{6} \times 40 = \frac{100}{240}$$
$$\frac{1}{8} \times 30 = \frac{110}{240}$$

Pour avoir le Dr commun, je n'ai pas multiplié par 5, parce qu'il est sous-multiple de 6.

Cinquième réduction.

On réduit les fractions de fractions en une seule et unique fraction, en multipliant les Nrs les uns par les autres, et les Drs aussi entr'eux.

Q. 105. On veut réduire en une seule fraction les $\frac{5}{4}$ des $\frac{5}{6}$.

$$Sol. \frac{5 \times 5}{4 \times 6} = \frac{25}{24} \text{ ou } \frac{1}{2}.$$

Q. 106. Quels sont les $\frac{2}{5}$ des $\frac{4}{5}$ des $\frac{6}{7}$.

$$Sol. \frac{2 \times 4 \times 6}{5 \times 5 \times 7} = R. \frac{48}{175}.$$

Lorsqu'on propose un nombre dont on veut avoir les fractions des fractions, on met ce nombre au rang des nominateurs.

Q. 107. On demande les $\frac{7}{8}$ des $\frac{2}{5}$ des $\frac{5}{4}$ de 12.

R. 5 $\frac{1}{4}$.

$$Sol. \frac{7 \times 2 \times 5 \times 12}{8 \times 5 \times 4} = \frac{7 \times 3}{4} = \frac{21}{4} = 5\frac{1}{4}.$$

Nota. Quand il se trouve aux nominateurs et aux dénominateurs des chiffres divisibles par un même nombre, on fait cette division avant de les multiplier, et s'il y a des chiffres égaux on les efface ; c'est ce qu'on a fait dans la dernière opération.

Preuve de la question 107.

Les $\frac{3}{4}$ de 12 = 9
Les $\frac{2}{3}$ de 9 = 6
Les $\frac{7}{8}$ de 6 = 5 $\frac{1}{4}$

Sixième réduction, ou évaluation des fractions en espèces connues, ce qui se fait en multipliant le nominateur de la fraction par le nombre de parties de l'entier de l'espèce principale, et en divisant le produit par le dénominateur ; le quotient donnera le nombre de sous-espèces.

Q. 108. Combien y a-t-il de sous dans $\frac{3}{4}$ lv ?

R. 15^s.

Sol. $3 \times 20 = 60$, et 60 D. par $4 = 15$.

Puisque la livre contient 20^s , il faut multiplier le Nr par 20 , et diviser par 4 ; le quotient 15^s est la réponse.

Q. 109. Réduisez $\frac{5}{8}$ de livres en espèces connues.

R. 12^s 6^d.

Sol. $5 \times 20 = 100$ $\left\{ \begin{array}{c} 8 \\ \overline{} \\ 12^s \ 6^d \end{array} \right.$

20
4
12
————
48
00

Q. 110. Quelle est la valeur en pieds , pouces , etc. de $\frac{7}{15}$ de toises ?

R. 4 pi. 2 po. 4 lig. $\frac{4}{5}$.

Sol. $7 \times 6 = 42$ $\left\{ \begin{array}{c} 10 \\ \overline{} \\ 4 \text{ pl. 2 po. 4 lig. } \frac{4}{5} \text{ ou} \frac{4}{5}. \end{array} \right.$

2
12
————
24
.4
12
————
48
.8

Q. 111. Un Marchand qui avoit 38℔ de ca-
nelle , dit qu'il en a vendu les $\frac{4}{7}$; combien lui en
reste-t-il ?

R. 16℔ 4 on. 4 gros 1 den. 17 gr. $\frac{1}{7}$.

$$58 \times 4 = 152 \begin{cases} 7 \end{cases}$$

12   21℔ 11 on. 3 gros 1 den. 6 gr. $\frac{4}{7}$.
5   Retranchant ce quotient de 38 il
16   viendra 16℔ 4 on. 4 gros 1 den.
—   17 gr. $\frac{1}{7}$. que l'on peut avoir en pre-
80   nant seulement les $\frac{3}{7}$ de 38℔ ; car
10   ce Marchand en ayant vendu $\frac{4}{7}$, il
5   ne lui en reste plus que $\frac{3}{7}$.
8
—
24
5
5
—
9 den.
2
24
—
48 grains.
6 *reste.*

~~~~~~~~~~~~~~~~~~~~~~~~~~~~~~~~~~~

Addition des Fractions.

D. Comment se fait l'addition des fractions ?

R. En ajoutant ensemble tous les nominateurs
quand les fractions sont en même dénomination :
si elles n'y sont pas , il faut les y mettre , ou les
y réduire par la quatrième *réduction ;* ensuite on
divise la somme des Nrs par le Dr. C. pour avoir
les entiers qui s'y trouvent.

D. Comment fait-on la preuve de cette règle ?

R. Par une autre addition des fractions qui ont pour Drs les mêmes que ceux de la règle, et pour Nrs ce qui manque aux Nrs de la règle : pour que chacun soit égal à son Dr, on fait la somme de ces fractions que l'on joint à la somme des fractions de la règle. Si le total donne autant d'unité qu'il y a de fractions dans la question, la règle est bien faite.

Q. 112. On demande combien il y a d'entiers ou d'unités dans les fractions suivantes, $\frac{1}{8}$, $\frac{3}{8}$, $\frac{5}{8}$ et $\frac{7}{8}$.

R. 2.

Sol. $1 + 3 + 5 + 7 = \frac{16}{8} = 2$.

Preuve. $\frac{7}{8}$, $\frac{5}{8}$, $\frac{3}{8}$, $\frac{1}{8}$.

Sol. $7 + 5 + 3 + 1 = \frac{16}{8} = 2$ en tout 4.

Q. 113. Un Tailleur a quatre coupons de drap ; savoir : $\frac{1}{7}$, $\frac{1}{6}$, $\frac{1}{4}$ et $\frac{1}{3}$. On veut savoir combien il en a d'aunes ?

R. 2 $\frac{1}{7}$.

$$\textit{Sol.}\quad 24 \qquad\qquad \textit{Preuve.}\quad 24 \text{ Dr C.}$$

$$\frac{1}{7} \times 8 = \frac{16}{14} \qquad\qquad \frac{1}{8} \times 8 = \frac{8}{14}$$
$$\frac{1}{6} \times 6 = \frac{12}{14} \qquad\qquad \frac{1}{6} \times 6 = \frac{6}{14}$$
$$\frac{1}{4} \times 4 = \frac{12}{14} \qquad\qquad \frac{1}{4} \times 4 = \frac{4}{14}$$
$$\frac{1}{3} \times 3 = \frac{9}{14} \qquad\qquad \frac{1}{3} \times 3 = \frac{3}{14}$$

$$57 \left\{ \begin{array}{l} 24 \\ 9 \cdot \left\{ 2\, \frac{[9]}{14} \right. \end{array} \right. \qquad 59 \left\{ \begin{array}{l} 24 \\ 15 \left\{ 1\, \frac{11}{14} \right. \end{array} \right.$$

$$1\, \frac{11}{14} \text{ quotient de la preuve.}$$

$$\overline{4\quad 0}$$

Q. 114. Un Marchand a vendu 3 pièces de câmelot qui contiennent 34 aunes $\frac{1}{2}$; 37 aunes $\frac{1}{3}$, et 29 aunes $\frac{11}{16}$; combien cela fait-il d'aunes ?

R. 102 $+\frac{1}{48}$.

		96 Dr. C.	
34 au. $\frac{1}{2}$	$\times$ 16 =	80	
37 $\frac{1}{3}$	$\times$ 12 =	36	
29 $\frac{11}{16}$	$\times$ 6 =	78	
102 $\frac{1}{48}$		194 $\begin{cases} 96 \\ .2 \end{cases}$	$\begin{cases} \\ 2\frac{1}{96} \text{ ou } \frac{1}{48}. \end{cases}$

On voit par cette opération qu'on peut se dispenser d'écrire les Drs de chaque fraction pour en faire l'addition.

~~~~~~

Soustraction des Fractions.

D. Que faut-il faire pour soustraire une fraction d'une autre fraction ?

R. Si les deux fractions ne sont pas en même dénomination , il faut les y réduire , puis retrancher un nominateur de l'autre , et donner au reste le dénominateur commun.

Q. 115. De $\frac{5}{8}$ ôtez $\frac{3}{8}$.

Sol. 5 — 3 = $\frac{2}{8}$ ou $\frac{1}{4}$. R.

Q. 116. De 8 aunes $\frac{11}{16}$ ôtez 5 aunes $\frac{4}{16}$.

Sol.

Sol. 8 $\frac{11}{18}$

5 $\frac{4}{18}$

R. 3 $\frac{7}{18}$

D. Que faut-il faire quand il y a des entiers et des fractions, et que la fraction qui accompagne le plus petit nombre est plus grande que celle qui accompagne le grand nombre ?

R. Il faut emprunter une unité sur les entiers, la multiplier par le Dr, et en ajouter le produit au Nr, puis faire la soustraction.

Q. 117. Un Tailleur a une pièce de peluche de 38 aunes $\frac{1}{4}$: il en a employé 12 aunes $\frac{3}{4}$; combien lui en reste-t-il ?

R. 25 $\frac{1}{2}$.

38 au. $\frac{1}{4}$	Pour faire cette soustraction j'ai
12 $\frac{3}{4}$	emprunté une unité qui vaut $\frac{4}{4}$, et $\frac{4}{4}$
	font $\frac{5}{4}$; j'en ai retranché $\frac{3}{4}$, il reste
25 $\frac{1}{2}$	donc ou $\frac{2}{4}$ ou $\frac{1}{2}$, puis 12 ôtés de 37
	reste 25.

Q. 118. De $\frac{3}{7}$ ôtez $\frac{1}{5}$.

R. $\frac{8}{11}$.

Sol. 7 × 5 = 35 Dr C.

$$\frac{3}{7} \times 5 = \frac{15}{35}$$
$$\frac{1}{5} \times 7 = \frac{7}{35}$$

Reste $\frac{8}{35}$.

Q. 119. Un Ouvrier avoit 48 toises $\frac{4}{5}$ d'ouvrage à faire, il en a fait 15 $\frac{7}{15}$; combien lui en reste-t-il à faire ?

II

R. 32 $\frac{61}{90}$.

$$\text{90 Dr C.}$$

De $\quad$ 48 $\frac{4}{9}$ $\times$ 10 $=$ 40 $+$ 90 $=$ 130
Otez $\quad$ 15 $\frac{9}{10}$ $\times$ 9 $=$ $\qquad\qquad\qquad$ 65

Reste 32 $+$ $\qquad\qquad\qquad\qquad\qquad$ $\frac{61}{90}$.

~~~~~~

Multiplication des Fractions.

D. Que faut-il faire pour multiplier des entiers par une fraction ou une fraction par des entiers ?

R. Il faut multiplier le Nr par les entiers, et donner au produit le Dr de la fraction.

Q. 120. Un Marchand a vendu 6 coupons de satin chacun de $\frac{3}{4}$ d'aunes ; combien cela fait-il d'aunes ?

R. 4 aunes $\frac{1}{2}$.

Sol. 6 $\times$ 3 $=$ $\frac{18}{4}$ $=$ 4 aunes $\frac{1}{2}$.

D. Comment trouve-t-on le produit d'une fraction par une fraction?

R. En multipliant les Nrs l'un par l'autre, on a le Nr du produit ; et multipliant aussi les Drs l'un par l'autre, on a le Dr du produit.

Q. 121. Multipliez $\frac{3}{7}$ par $\frac{1}{2}$.

Sol. $\frac{3}{7}$ $\times$ $\frac{1}{2}$ $=$ $\frac{3}{14}$ $=$ $\frac{3}{14}$.

En effet multiplier $\frac{3}{7}$ par $\frac{1}{2}$, n'est autre chose que de répéter $\frac{3}{7}$ autant de fois que l'unité est contenue dans $\frac{1}{2}$: or l'unité n'est contenue qu'une demi fois dans $\frac{1}{2}$: donc il ne faut répéter $\frac{3}{7}$ qu'une demi fois ;

d'où l'on voit que multiplier $\frac{4}{7}$ par $\frac{1}{2}$, c'est comme si l'on prenoit la moitié de $\frac{4}{7}$.

D. Quand on a des entiers et fractions à multiplier par une fraction ou par des entiers et fractions, que faut-il faire ?

R. On réduit les deux facteurs en une seule fraction, et on opère comme ci-dessus.

Q. 122. Connoître la superficie d'une cour qui a 16 toises $\frac{4}{7}$ de long, sur 7 toises $\frac{3}{4}$ de large.

Sol. $16 \times 7 = 112 + 4 = 116$: donc $\frac{116}{7}$
$7 \times 4 = 28 + 3 = 31$: donc $\frac{31}{4}$
$\frac{116}{7} \times \frac{31}{4} = \frac{1126}{28}$ de t.

Réduisant ensuite la fraction en entiers,

$$3596 \quad \begin{cases} 28 \\ \overline{} \\ 128 \text{ t. } 2 \text{ pi. } 6 \text{ po. } + \frac{4}{7} \text{ de toise carrée.} \end{cases}$$
$$79$$
$$256$$
$$12$$
$$6$$
$$\overline{}$$
$$72 \text{ pi.}$$
$$16$$
$$12$$
$$\overline{}$$
$$192 \text{ po.}$$
$$24$$

D. Ne peut-on point multiplier des entiers joints aux fractions sans faire cette réduction ?

R. Oui ; mais cette manière d'opérer est en général moins simple que la première ; alors on multiplie les entiers et la fraction du multiplicande par les entiers du multiplicateur, puis par la fraction du même multiplicateur.

Q. 123. Soit $12\frac{1}{3} \times 9\frac{1}{4}$.

Solution.

$$12\ \tfrac{1}{3}$$
$$9\ \tfrac{1}{4}$$

Produit de 12 par 9..... 108
       de $\frac{1}{3}$ par 9..... $5\frac{1}{3} = \frac{9}{12}$
       de 12 par $\frac{1}{4}$..... 9
       de $\frac{1}{3}$ par $\frac{1}{4}$..... $\frac{2}{10}$ $\frac{1}{12}$

$$122\ \tfrac{11}{12}.$$

~~~~~~

Division des Fractions.

D. QUE faut-il faire pour diviser une fraction par un nombre entier ?

R. Il faut diviser lé Nr par les entiers , lorsque cela se peut , et donner au quotient le Dr de la fraction ; et quand on ne peut diviser le Nr , il faut multiplier le Dr, ce qui produit le même effet.

Q. 124. Divisez $\frac{18}{23}$ par 6.

Sol. $\dfrac{18 \ D. \ 6}{23} = $ R. $\frac{3}{23}$.

Q. 125. Soit $\frac{1}{2}$ à diviser par 4 ; dans ce cas ne pouvant point diviser le Nr par les entiers , je multiplie le Dr , et je dis : $\frac{1}{2} \times 4 = \frac{1}{8}$: la raison est bien simple , car diviser $\frac{1}{2}$ par 4 , c'est chercher une fraction quatre fois plus petite ; il est clair que $\frac{1}{8}$ est 4 fois plus petit qu'une moitié.

D. Comment divise-t-on une fraction par une fraction ?

R. En divisant le Nr du dividende par le Nr du diviseur, on a le Nr du quotient ; et divisant aussi le Dr du dividende par le Dr du diviseur, on a le Dr du quotient.

Q. 126. On veut diviser $\frac{10}{21}$ par $\frac{5}{7}$.

Sol. $\dfrac{20\ \text{D. }5}{21\ \text{D. }7} = \frac{4}{3} = 1\frac{1}{3}.$

D. Quand on ne peut pas diviser ainsi les deux termes d'une fraction, n'y a-t-il pas une autre méthode ?

R. Oui, il faut multiplier le Nr de la fraction dividende par le Dr de la fraction diviseur, on aura le Nr du quotient ; multiplier le Dr du dividende par le Nr du diviseur, on aura le Dr du quotient.

Q. 127. Combien de fois $\frac{4}{5}$ sont-ils contenus dans $\frac{10}{11}$.

Sol. $\frac{10}{11}$ D. $\frac{4}{5} = \frac{50}{11}$ ou $2\frac{6}{11}.$]

D. Que faut-il faire quand on a des entiers et fractions à diviser par une fraction, ou par des entiers et fractions ?

R. Il faut réduire le dividende et le diviseur chacun en une seule fraction, puis opérer comme ci-dessus.

Q. 128. On veut employer 13 aunes $\frac{1}{4}$ de ruban à faire des cocardes, dont chacune doit contenir $\frac{1}{4}$ d'aune, combien en pourra-t-on faire ?

Sol. $13\frac{1}{4} = \frac{53}{4}$ D. $\frac{1}{4} = \frac{212}{4} = 22$ R.

Q. 129. Combien faudra-t-il d'ouvriers pour faire 270 $\frac{1}{4}$ toises d'ouvrage, si chaque ouvrier doit en faire 4 toises $\frac{1}{4}$?

R. 56 ouvriers.

H 5

Sol. 270 $\frac{2}{3}$ = $\frac{812}{3}$ et 4 $\frac{1}{6}$ = $\frac{19}{6}$. donc $\frac{1}{6}$ D. $\frac{19}{6}$ = $\frac{4812}{6}$ $\frac{1}{6}$.

$$\text{ou} \quad \begin{array}{r} 4872 \\ 522 \\ \hline 00 \end{array} \left\{ \begin{array}{c} 87 \\ \hline 56 \end{array} \right.$$

~~~~~~

Règle de trois par fractions.

D. COMMENT se fait la règle de trois avec fraction ?

R. En suivant ce qui est prescrit ci-dessus pour la multiplication et pour la division des fractions.

D. Ne peut-on pas faire disparoître les fractions dans une règle de trois ?

R. Oui, car quand les Drs sont les mêmes dans le premier et dans le second terme, ou dans le premier et le troisième, on peut les supprimer sans troubler la proportion, parce que c'est les multiplier par les mêmes nombres; si les fractions ne sont pas en même dénomination, ou les y met.

Q. 130. Un Tailleur a acheté $\frac{7}{15}$ de bougran qui lui ont coûté 24^s, combien lui coûteront $\frac{15}{15}$ du même bougran ?

R. 51^s 5^{b} $\frac{1}{7}$.

Sol. $\frac{7}{15}$: $\frac{15}{15}$ :: 24^s : x. ou 7 : 15 :: 24^s : x. = 51^s 5^{b} $\frac{1}{7}$.

Q. 131. Combien faut-il payer pour $\frac{1}{4}$ d'aune de mousseline, si $\frac{1}{5}$ ont coûté 8^{u} ?

R. 7^{u} 10^s.

Sol. $\frac{1}{5}$: $\frac{1}{4}$ :: 8^{u} : x. ou $\frac{15}{15}$: $\frac{15}{14}$ ou 15 : 16 :: 8 : x. = $\frac{110}{15}$ = 7^{u} 10^s.

Q. 132. Si $\frac{1}{4}$ de velours coûtent 18^{tt} 12^s, combien coûteront $\frac{1}{7}$?

R. 7^{tt} 1^s 8^{s} $\frac{4}{7}$.

Sol. $\frac{1}{4}$: $\frac{1}{7}$ :: 18^{tt} 12^s : x. ou $\frac{4}{4}$: $\frac{4}{7}$ :: 18^{tt} 12^s : x. ou enfin 21 : 8 :: 18^{tt} 12^s : x. = 7^{tt} 1^s 8^{s} $\frac{4}{7}$.

Q. 133. Avec 3^{tb} $\frac{1}{4}$ de fil on a fait 10 aunes $\frac{1}{3}$ de toile, combien faudroit-il de livres de fil pour faire 48 aunes $\frac{1}{2}$ de toile semblable ?

R. 15^{tb} $\frac{81}{191}$.

Sol, 10 aunes $\frac{1}{3}$: 48 au. $\frac{1}{2}$ :: 3 $\frac{1}{4}$: x. = 15 $\frac{81}{191}$ ou en réduisant les entiers en fractions $\frac{31}{3}$: $\frac{27}{2}$: : $\frac{13}{4}$: x. ou en réduisant deux termes en même dénomination, et en supprimant en même temps les Drs 130 : 582 :: $\frac{13}{4}$: x. ou enfin en multipliant le premier terme et le troisième par 9, ce qui se fait pour le troisième en lui ôtant son Dr, on aura 1170 : 582 :: 31 : x. = 15 $\frac{81}{191}$.

Q. 134. Un Négociant a vendu une partie de marchandises pour la somme de 16845^{tt}, il dit avoir gagné 7 $\frac{1}{2}$ pour $\frac{1}{2}$? quel est son bénéfice total ?

R. 1305^{tt} 9^s 9^{s}.

DU CALCUL DÉCIMAL.

D. Qu'est-ce que le calcul décimal !

R. C'est le calcul des décimales, soit seules, soit jointes à des entiers.

D. 2. Qu'entendez-vous par décimales ?

R. Ce sont des quantités au-dessous de l'unité entière, qui vont en décroissant, en raison décuple de gauche à droite, ainsi que les quantités au-dessus de l'unité entière vont en croissant de droite à gauche.

D. 3. Qu'appelez-vous nombres et chiffres décimaux ?

R. Ce sont ceux qui expriment des quantités décimales.

D. 4. Comment désigne-t-on les chiffres décimaux ?

R. Le premier chiffre à gauche exprime les dixièmes, le second les centièmes, le troisième les millièmes, etc.

D. 5. Comment distingue-t-on les décimales des entiers ?

R. On met ordinairement une virgule à la droite des entiers, et ensuite les décimales ; mais comme la virgule est aussi le signe qu'on emploie pour partager les grands nombres en tranches de trois chiffres afin d'en rendre la lecture plus facile, le point est ici préférable à la. virgule : nous appellons ce point *point décimal.*

D. 6. Comment écrit-on les décimales !

R. Si , 1.º elles sont jointes à des entiers , on place ceux-ci à la gauche , puis le point décimal et ensuite les décimales : exemple , 25.34; si , 2.º les décimales sont seules , on met un o à la place des entiers , à la droite du o le point décimal et ensuite les décimales : exemple , o.25 ; si, 3.º quelque chiffre décimal de la gauche manque , on le remplace par des o : exemple , 35.004.

D. 7. Comment lit-on les décimales !

R. Si , 1.º elles sont seules , on peut les lire de deux manières, ou en articulant chaque décimale exprimée par chaque chiffre , ou en lisant le nombre à l'ordinaire et articulant à la fin l'espèce de décimale déterminée par le nombre des chiffres , et cette espèce est toujours dix fois plus petite que le nombre ne seroit grand s'il exprimoit des entiers, puisque la valeur croissante des entiers compte de droite à gauche en partant de l'unité , au lieu que la valeur décroissante des décimales compte de gauche à droite en partant des dixièmes ; si, 2.º il y a des entiers avec les décimales , on peut lire de trois manières, ou en articulant les entiers et chaque chiffre décimal , ou en articulant les entiers et puis toutes les décimales ensemble , ou enfin en confondant les entiers avec les décimales : ainsi étant proposé le nombre suivant 24.356 , lisez :

1.º 24 entiers , 3 dixièmes , 5 centièmes , 6 mil-lièmes.

2.º 24 entiers , 356 millièmes.

3.º 24.356 millièmes.

D. 8. Peut-on considérer les décimales comme des fractions !

R. Sans doute : ce sont des fractions qui ont pour dénominateur l'unité suivie d'autant de o qu'il y a de chiffres au numérateur ; et voilà pourquoi il suffit d'écrire le numérateur : ainsi $0.25 = \frac{25}{100}$.

D. 9. Les autres fractions peuvent-elles se réduire en décimales ?

R. Elles le peuvent d'une manière ou rigoureusement exacte, ou approchante, autant qu'on le veut.

1.º La réduction sera exacte et sans reste, si en multipliant le dénominateur on trouve ou 10, ou 100, ou 1000, etc. : alors on n'a qu'à multiplier de même le numérateur, qui est évidemment le nombre décimal cherché : ainsi $\frac{3}{5} = 0.6$, de même $\frac{4}{25} = 0.16$.

2.º Dans tout autre cas, la réduction ne sera qu'approchante ; mais on pourra pousser l'approximation aussi loin qu'on voudra : par exemple, pour réduire en décimales la fraction $\frac{1}{3}$, ajoutez successivement o au numérateur, ainsi qu'à chaque reste ; en effectuant la division, vous aurez pour nombre décimal 0.333,333 millionièmes, etc. Le défaut d'exactitude sera moindre qu'un millionième ; il n'est presque jamais nécessaire de pousser si loin la précision, deux ou trois chiffres décimaux suffisent ordinairement. D'ailleurs, on peut en négligeant le dernier reste, approcher encore plus de l'exactitude ; pour cela on ajoute o à ce reste, et si on trouve un quotient au-dessus de 5, on ajoute une unité au dernier chiffre décimal, auquel on s'est arrêté : c'est ainsi que $\frac{1}{7}$ donnera 0.19.

Il est bon d'observer ici que dès que le premier numérateur ou dividende reparoît, il donne évidemment le quotient déjà trouvé, qui par conséquent pourra être répété à la suite de lui-même autant de fois qu'on le voudra : c'est pourquoi la fraction $\frac{1}{3}$ = 0.333, etc.

D. 10. Si à la droite du dernier chiffre positif d'un

nombre décimal on ajoute ou on retranche un ou plusieurs o, qu'arrive-t-il ?

R. Le nombre demeure le même, puisque la valeur des chiffres décimaux est invariable : le premier à gauche vaut toujours des dixièmes, le second des centièmes, etc. Ainsi 0.20=0.200=0.2 ; il en est des o mis à la droite des décimales, comme des o mis à la gauche des entiers.

D. 11. Quels sont les grands avantages de l'arithmétique décimale sur l'arithmétique ordinaire ?

R. Ce sont ceux de la simplicité la plus claire et de l'uniformité la plus régulière, sur une complication très-obscure et sur la plus bizarre diversité.

Dans l'arithmétique ordinaire il n'y a de simple que le calcul des nombres incomplexes, parce que celui-là seul est décimal ; mais les opérations sur les nombres complexes sont obscures et compliquées d'une manière désespérante pour la plupart des jeunes élèves ; dans l'arithmétique décimale, au contraire, tout est simple, parce que les nombres complexes peuvent être considérés comme incomplexes ; les décimales et les entiers suivent également le principe général de la numération, c'est-à-dire, croissent toujours en raison décuple, de droite à gauche, et décroissent de même, de gauche à droite.

D. 12. Indiquez-moi comment on fait l'addition, la soustraction, la multiplication et la division dans le calcul décimal ; et donnez-moi des exemples de chacune de ces opérations ?

R. 1.º L'addition se fait ici, comme dans l'arithmétique ordinaire, pour les nombres incomplexes.

2.º Il en est de même de la soustraction ; mais si le nombre des chiffres décimaux du terme supérieur n'est pas égal à celui des chiffres décimaux de l'inférieur, il faut le rendre tel avant d'opérer, et cela en aujoutant les o nécessaires.

3.° Dans la multiplication, on considère les facteurs comme s'ils étoient incomplexes, et après l'opération on met au produit le point décimal, à la gauche d'un nombre de chiffres égal à celui des chiffres décimaux des facteurs : ainsi on rend le produit autant de fois plus petit qu'on l'avoit rendu plus grand, en considérant les décimales comme des entiers.

4.° Pour la division, si le nombre des chiffres décimaux n'est pas égal dans les deux termes, rendez-le tel, et puis opérez comme sur des entiers ; il n'y aura point de changement à faire au quotient, puisque vous avez fait subir des multiplications égales aux deux termes de la division, en considérant comme entiers des chiffres décimaux en nombre égal pour le dividende et pour le diviseur.

EXEMPLES.

Addition.

$$
\begin{array}{r}
542.426 \\
+\quad 12.634 \\
+\quad 58.008 \\
\hline
=413.068 \\
\hline
\end{array}
$$

Soustraction.

$$
\begin{array}{r}
602.346 \\
-\ 249.866 \\
\hline
=352.480 \\
\hline
\end{array}
$$

Multiplication.

Multiplication.   *Division.*

```
      55.23                    ┌ 12.341
    ×                  ─245.352 ┤ ─────────
      24.12             123 41  └ 19.881 + .¹¹⁹.ₜₜₜₜ

    = 70 46                121 942
    +  352 5             ─111 069
    +14092
    +7046                  .10 8730
                            9 8728
    = 849.7476
                           1 00020
                           . 98728

                          .. 12920
                             12341

                          .. 579
```

D. 13. Le calcul décimal n'offre-t-il pas un moyen très-simple et très-court de multiplier et de diviser un nombre par 10, par 100, par 1000, etc. ou ce qui est la même chose, de rendre un nombre dix, cent, mille fois plus grand ou plus petit?

R. Il est évident que, pour le multiplier, il n'y a qu'à porter le point décimal vers la droite, d'un, de deux, de trois, etc. chiffres; il faut faire le contraire pour diviser : ainsi pour rendre 24.5236 mille fois plus grand, faites 22525.6; pour rendre ce dernier cent fois plus petit, faites 245. 236.

D. 14. Dans le calcul décimal a-t-on besoin de fractions?

R. Non : si ce n'est pour représenter le reste d'une division qu'on croit inutile de pousser plus loin.

I

D. 15. Que faudroit-il pour que le commerce, les art et les sciences en général pussent substituer, chez tous les peuples, le calcul décimal, qui est si simple, au calcul ordinaire, qui est si souvent hérissé des plus grandes difficultés !

R. Il suffiroit que dans les monnoies, les poids, les mesures quelconques, toutes les nations adoptassent un système décimal, tel que celui qui a été adopté par l'Empire françois.

D. 16. Faites-nous sentir les grands avantages du nouveau système des poids et mesures !

R. Pour les sentir, il n'y a qu'à mettre l'ancien système en parallèle avec le nouveau.

Dans l'ancien système, les unités principales ou fondamentales avoient été choisies sans aucun motif raisonnable de préférence ; c'étoient des pieds, des coudées, etc. quantités variables, comme les parties du corps humain, qu'on avoit pris pour modèle ; ces unités n'avoient aucun rapport constant ni de nom, ni de valeur avec les quantités supérieures ou inférieures ; c'étoient des toises qui valoient six pieds, des pouces qui étoient des douzièmes de pieds ; des sous qui étoient de vingtièmes de livre, des deniers qui étoient des douzièmes de sous ; etc. Certaines unités de même nom étoient différentes, non-seulement dans les divers pays, mais encore dans les différentes villes ou communes d'un même canton ; la livre, poids de table, valoit moins que la livre, poids de marc ; l'aune de Paris étoit autre que l'aune de Montpellier ; les mesures des grains étoient sur-tout remarquables par la plus bizarre diversité.

Dans le nouveau système, au contraire, le mètre ou l'unité linéaire à laquelle peuvent se rapporter toutes les autres quantités métriques, est la dix-millionième partie du quart du méridien terrestre ;

elle est donc fondée sur la nature , et immuable
comme elle ; on pourroit aisément la retrouver ,
quand même toutes les mesures une fois adoptées
viendroient à se perdre par le non usage ou par les
révolutions des états. Dans ce système simple et
méthodique , toutes les unités principales , soit entr'elles , soit avec les quantités plus grandes ou plus
petites , suivent constamment le rapport décimal ;
en sorte qu'on peut opérer sur des espèces même
différentes comme si elles étoient de même nature ,
et que les diverses quantités métriques peuvent être
considérées comme des nombres abstraits : si donc
les diverses nations avoient la sagesse d'adopter un
système si simple , si uniforme , si méthodique ,
les relations de commerce et de science devien-
droient infiniment plus grandes , en devenant infiniment plus aisées.

D. 17. Pour démontrer d'une manière pratique et
par conséquent plus convaincante les grands avantages du calcul décimal et du nouveau système des
poids et mesures , faites-en l'application aux principales opérations de l'arithmétique ?

R. Pour répondre à cette question , nous présen-
terons d'abord les divers tableaux relatifs au nouveau système , et nous donnerons ensuite une solution aisée des principaux problêmes d'arithmétique.

TABLEAU NOMINAL
du nouveau Système avec les Signes.

MESURES LINÉAIRES.		POIDS.	
Noms.	*Signes.*	*Noms.*	*Signes.*
Millimètre	m.mt.	Milligramme	m.gr.
Centimètre	c.mt.	Centigramme	c.gr.
Décimètre	d.mt.	Décigramme	D.gr.
Mètre	mt.	Gramme	gr.
Décamètre	D.mt.	Décagramme	d.gr.
Hectomètre (*a*)	h.mt.	Hectogramme	h.gr.
Kilomètre (*b*)	k.mt.	Kilogramme	k.gr.
Miriamètre	my.mt.	Myriagramme	my.gr.

MESURES DE SUPERFICIE.		MONNOIES.	
Noms.	*Signes.*	*Noms.*	*Signes.*
Centiare	c.ar.	Franc	f.
Déciare	d.ar.	Décime	d.
Are	ar.	Centime	c.
Décare	D.ar.		
Hectare	h.ar.	MESURES GÉOGRAPHIQUES	
Kilare	k.ar.	et du Cercle.	
Myriare	my.ar.	*Noms.*	*Signes.*
		Millaires	m.

MESURES DE CAPACITÉ.		Degré	o
Noms.	*Signes.*	Minute	,
Millilitre	m.lt.	Seconde	,,
Centilitre	c.lt.	Tierce	,,,
Décilitre	d.lt.		
Litre	lt.	PUISSANCES.	
Hectolitre	h.lt.	Quarré	q.
Décalitre	D.lt.	Cube.	cu.
Kilolitre	k.lt.		

(*a*) Ou mieux Hécatonmètre, et ainsi de tous les noms en *Hecto.*

(*b*) Ou mieux Chiliomètre, et ainsi de tous les noms en *Kilo.*

TABLEAU II.

Mesures linéaires ou de longueur.

Nouvelles.	t.	p.	po.	l.
Millimètre................	o	o	o	0.443
Centimètre................	o	o	o	4.450
Décimètre................	o	o	3	8.344
Métre { unité linéaire 10,000,000me partie du quart du méridien terrestre.	o	5	o	11.440
Décamètre................	5	o	9	6.400
Hectomètre...............	51	1	11	4.000
Kilomètre................	513	1	5	4.000
Myriamètre..............	5,132	2	5	4.000

Anciennes.	mt.	d.m.	c.mt.	m.mt.
Ligne..................	o	o	o	2.2551
Pouce..................	o	o	2	7.0612
Pied...................	o	5	2	4.7344
Toise..................	1	9	4	8.4064
Perche de Paris.........	5	8	4	5.2192
Perche royale..........	7	1	4	4.1568
Aune de Paris..........	1	1	8	8.1000
Canne de commerce.......	1	8	9	4.3000
Canne du Midi..........	1	9	8	7.2000
Canne de Toulouse.......	1	7	8	2.1500
Empan du Midi..........	o	2	4	8.4000

I 5

TABLEAU III.

Mesures planes ou carrées, ou de superficie.

Nouvelles. Anciennes.

	p. q.	po. q.	l. q.
Millimètre carré......	0.000	0.000	0.196
Centimètre carré.....	0.000	0.000	19.664
Décimètre carré......	0.000	13.655	0.000
Mètre carré ou Centiare.	9.483	0.000	0.000
Déciare..............	94.830	0.000	0.000
Are { unité de mesure plane carrée, = 100 mt. carrés. }	948 306	0.000	0.000
Décare.............. 9,483 061		0.000	0.000
Hectare............94,830 615		0.000	0.000
Kiliare............948,306.157		0.000	0.000
Myriare..........9,483,061.574		0.000	0.000

Ancienne. Nouvelles.

	mt.q.	d.mt.q.	c.mt.q.	m. mt. q.
Ligne carrée........	0	0	0	5.085
Pouce carré.........	0	0	7	32.299
Pied carré..........	0	10	54	51.176
Toise carrée........	3	79	62	42.354
Canne carrée du Midi.	3	94	89	65.840
Perche royale carrée..	51	3	72	68 437

	ares.
Arpent royal........	8.9999999
Arpent de Paris.....	6.0247934
Arpent de Touraine..	11.6219008
Arpent d'Orléans....	7.4580165
Sétérée de Dauphiné de 900 cannes carrées.	35.5407000

Anciennes.	Nouvelles.
	ares.
Saumée de Provence de 1500 cannes carrées.	59.2344000
Saumée de Languedoc de 1600 cannes carrées.	63.1834000
Sétérée de la Tour..	31.9274000
Sétérée de St-Paul..	40.4574000
Sétérée de Caudiès..	41.8590000
Journal de Prades..	35.5407000
Petite ayminate....	47.3875000
Ayminate moyenne.	59.2344000
Ayminate grande..	63.1834000

(left bracket label) Mes. des Pyr. or.

~~~~~~~~~~~~~~~~~~~~~~~~~~~~~~~~

TABLEAU IV.

Mesures solides ou de capacité.

Nouvelles.	Anciennes.
	pi. cu. po. cu. l. cu.
Centilitre...................	o o 871.9876
Décilitre...................	o 5 0462
Litre { unité de mesure solide = un d. mt. cube..	o 50.4622
Décalitre...................	o 504.6224
Hectolitre ou Décistère......	2 9202
Kilolitre, met. cube ou Stère.	29.2026

(Stère et Décistère, mesures pour le Bois.)

Anciennes.	Nouvelles.
	mt. cu.
Ligne cube...............	0,000,000,000,001
Pouce cube...............	0.000,020,000,000
Pied cube...............	0.034,243,000,000
Toise cube...............	7.396,600,000,000

	Anciennes.	Nouvelles.		
		lt.	d.lt.	c.lt.
Mesures de Paris pour les liquides.	Roquille..............	0	5	0.63
	Poisson..............	0	4	8.37
	Chopine..............	0	7	6.67
	Pinte rase..............	0	9	6.75
	Pinte comble.........	1	9	5.50
	Velte..............	7	7	4.00
	Muid..............	268	6	4.00
Mesures du Midi pour le vin.	Pagelle..............	54	8	5.00
	Barral..............	69	6	6.00
	Muid..............	696	6	0.00
	Mesuret..............	0	2	5.50
	Chopine..............	0	4	6.99
	Pot..............	1	8	7.96
	Trois-mesurets......	0	7	0.50
	Bouteille ou demi-pot.	0	9	3.98
	Charge de Perpignan.	120	2	1.60
	Pistolet	0	5	0.80
	Feuillette petite......	0	8	8.20
	Feuillette moyenne...	0	9	8.10
	Feuillette grande.....	1	2	5.50
	Mitjère petite........	12	5	5.50
	Mitjère moyenne.....	15	2	2.05
	Mitjère grande........	15	6	9.60
	Charge petite........	125	5	5.00
	Charge moyenne.....	125	5	6.80
	Charge grande.......	152	2	5.00
Mes. de Paris. idemp. pr. l'huile.	Petite..............	0	2	6.10
	Dourg petit..........	14	5	8.50
	Dourg grand........	16	7	1.70
Mes. de Paris. pr. les grains.	Litron..............	0	1	1.66
	Quart..............	0	4	6.64
	Boisseau..............	1	8	6.55
	Minot..............	5	5	9.65
	Mine..............	11	1	9.30
	Septier..............	22	5	8.60

	Anciennes.		Nouvelles.	
		lt.	d.lt.	c.lt.
Mesures du Midi pour les grains.	Picotin.............	o	8	9.77
	Cosse..............	2	9	8.88
	Mesure.............	17	9	5.11
	Charge.............	179	5	1.11
	Boisseau petit.......	2	5	9.77
	Boisseau grand.......	2	7	5.00
	Quartière petite......	21	5	8.00
	Quartière grande.....	21	8	4.11

TABLEAU V.

POIDS.

Nouveaux.		Anciens.			
		llv.	on.	gr.	gra.
Milligramme.............		o	o	o	0.018841
Centigramme.............		o	o	o	0.188410
Décigramme		o	o	o	1.884100
Gramme	unité de poids, pèse un c.mt. c. d'eau distillée à la température de la glace fondante.	o	o	o	18.841000
Décagramme.............		o	o	2	44.410000
Hectogramme.............		o	3	2	12.100000
Kilogramme.............		2	o	5	49.000000
Myriagramme.............		20	7	o	58.000000

Anciens.		Nouveaux.		
	gr.	d.gr.	c.gr.	m.gr.
Grain.............	o	o	5	3.07573908
Denier...........	1	2	7	3.81773791

Anciens.	my.gr.	k.gr.	h.gr.	D.gr.	gr.	d.gr.	c.gr.
Gros.............	0	0	0	0	3	8	2.1455213
Once...........	0	0	0	3	0	5	7.1625710
Marc..........	0	0	2	4	4	5	7.5005680
Livre marc....	0	0	4	8	9	1	4.6011561
Livre table.....	0	0	3	6	6	8	5.9508520
Quintal table..	5	6	6	8	5	9	5.0852096
Quintal marc..	4	8	9	1	4	6	0.1156128
Arobe..........	1	2	2	2	8	6	5.0254032
Poids des apothicai. { Scrupule.	0	0	0	●	1	2	7.3817737
Drachme	0	0	0	0	3	8	2.1455213
Once....	0	0	0	5	0	5	7.1625710
Livre ...	0	0	3	6	6	8	5.95c8520

(colonne de droite : Nouveaux.)

TABLEAU VI.

MONNOIES.

Nouvelles.	₶	ſ	₰
Franc	1	0	0
Décime	0	2	0
Centime.	0	0	2.4
Cinq-centimes.	0	1	0.0
Deux-centimes.	0	0	3.6
Deux francs.	2	0	0
Cinq Francs	5	0	0
Franc d'or.			

(colonne de droite : Anciennes.)

Anciennes.	f.	d.	c.
Denier	0	0	0.416
Liard	0	0	1.250

(colonne de droite : Nouvelles.)

Anciennes.	Nouvelles.		
	f.	d.	c.
Deux liards	0	0	2.500
Un sou	0	0	5.000
Un sou et demi	0	0	7.500
Deux sous.	0	1	0.000
Six-Blancs..	0	1	2.500
Dix-sous.	0	5	0.000
Douze-sous..	0	6	0.000
Vingt-quatre-sous. . . .	1	2	0.000
Ecu	3	0	0.000
Gros-écu.	6	0	0.000
Louis.	24	0	0.000
Double-louis.	48	0	0.000

TABLEAU VII.

Mesures Géographiques et du Cercle.

Nouvelles.	Anciennes.
$400° =$ le Méridien $= 40,000,000$ mt.	$36°° =$ le Méridien $= 20,529,720.000$ t.
$100° = \frac{1}{4}$ du Méridien $= 10,000,000$ mt.	$90° = \frac{1}{4}$ du Méridien $= 5,152,430.000$ t.
$1° = \frac{1}{400}$ du Méridien $= 100,000$ mt.	$1° = \frac{1}{360}$ du Méridien $= 51,324.000$ t.
$1' = \frac{1}{40000}$ du Mérid. $= 1000$ mt.	$1' = \frac{1}{21600}$ du Méridien $= 513.000$ t.
$1'' = \frac{1}{4000000}$ du Mérid. $= 10$ mt.	$1'' = \frac{1}{1296000}$ du Mérid. $= 5.132$ t.

Anciennes.			*Nouvelles.*
	o	'	"
1″......	o	o	3.086,419,753,086
1′......	o	1	85.185,185,185,16ɔ
1°......	1	11	11.111,111,109,6ɔo

Nouvelles.		*Anciennes.*
	'	"
1″	o	0.324
1′	o	32.4:0
1°	32	40.000

OBSERVATIONS.

Nous ne mettons pas ici un tableau pour la division nouvelle du temps, parce que l'exécution de la loi sur cette nouvelle division a été ajournée indéfiniment par une loi ultérieure.

CALCUL DECIMAL

Appliqué aux principales opérations de l'arithmétique.

ADDITION.

Un seul exemple suffira pour les mesures, les poids et les monnoies, parce que les petites espèces sont toujours avec les grandes dans un rapport purement décimal. On peut présenter les espèces distinctes, ou bien mettre les plus grandes à gauche, et toutes les petites à droite après le point décimal.

EXEMPLE.

EXEMPLE.

f.	d.	c.		f.	c.
253	8	6		253.86	
+ 425	3	9	ou bien	425.39	
+ 730	0	5		730.05	
= 1409	3	0		= 1409.50	

Comme les divisions du cercle sont en rapport *centimal*, pour rendre l'opération uniforme, il n'y a qu'à mettre o à la gauche des petites espèces, lorsqu'elles sont exprimées par un seul chiffre ; car si elles le sont par deux, il n'y a rien à changer.

EXEMPLE.

$135°$	$04'$	$12''$		$135°.0412''$
+ 26	08	07	ou bien	26 0807
+ 354	03	28		354 0328
= 515	15	47		= 515.1547

~~~~~~

SOUSTRACTION.

Faites pour la soustraction les mêmes observations que pour l'addition.

1er EXEMPLE.

f.	d.	c.		f.	c.
5046	5	8	ou bien	5046 58	
− 2763	9	3		2763.93	
= 2282	6	5		= 2282.65	

2e EXEMPLE.

$348°$	$09'$	$05''$		$348°.0905''$
− 263	18	24	ou bien	263 1824
= 84	90	81		84.9081

K

~~~~~~~~~~~~~~~~~~~~~~~~~~~~~~~~~~~~~~~

MULTIPLICATION.

Pour multiplier des quantités, même complexes, qui se rapportent les unes aux autres, il n'y a qu'à les présenter sous forme décimale, et suivre les règles de la multiplication des décimales.

EXEMPLE.

$$
\begin{array}{ccc}
\text{f.} & \text{d.} & \text{c.} \\
236 & 4 & 5 \\
\times\ 34 & 8 & 7
\end{array}
\left.\right\} \text{ ou bien } \left\{
\begin{array}{cc}
\text{f.} & \text{c.} \\
236.45 \\
34.87
\end{array}
\right.
$$

$$
\begin{array}{r}
165515 \\
189160 \\
94580 \\
70935 \\
\hline
\end{array}
$$

$$
\begin{array}{ccc}
\text{f.} & \text{d.} & \text{c.} \\
\end{array}
$$
$$8245.0115 = 8245.0\ 1.\ 15$$

Pour multiplier des quantités qui ne se rapportent pas les unes aux autres par leur nature, comme s'il s'agit de connoître le prix total d'un nombre de mètres, décimètres, centimètres, etc. d'ouvrage, à raison d'un nombre de francs, décimes et centimes par mètre, l'opération est encore la même, parce que dans le calcul décimal, quoique les quantités ne se rapportent point entre elles par leur nature, elles ont toujours le rapport décimal de numération, ensorte qu'un terme quelconque peut être considéré comme abstrait.

EXEMPLE.

$$
\begin{array}{ccc}
 & \text{f.} & \text{d.} & \text{c.} \\
\end{array}
$$
Un mètre de drap a coûté 55 6 4

	mt.	d.mt.	c.mt.
Combien coûteront	326	7	4 ?

RÉPONSE.

```
      326.74
  ×    35.64
  ─────────────
      130696
      196044
      163370
       98022
  ─────────────
```

f.		f.	d.	c.
11645.0136 = 11,645			o	1.36

~~~~~~

DIVISION.

Faites pour la division les mêmes observations que pour la multiplication : un exemple suffira.

EXEMPLE.

mt.	d.mt.	c.mt.		f.	d.	c.
325	6	3	ont coûté	24,367	8	5 ;

Combien le mètre ?

RÉPONSE.

f.		325.63

$$24,367.85 \Big\} \overline{}$$

f.	d.	c.
74	8	3.291

```
  157375
  271230
  107260
   95710
  305840
   12773
```

REGLE DE TROIS.

mt.	d.mt.	c.mt.		f.	d.	c.
12	8	6 ont coûté 322	9 5; comb. coûteront			
135	8	5 ?				

Etablissez la proportion suivante :

$$12.86 : 135.85 :: 322.95 : x = 3411 \quad 5 \quad 7$$

f.   d.   c.

D. 18. Sera-t-il nécessaire de réduire les quantités anciennes en quantités équivalentes du nouveau système, et comment faire cette réduction?

R. Cette réduction sera nécessaire, jusqu'à ce que tous les François, et même toutes les nations avec lesquelles nous sommes en relation de commerce et de science, aient adopté et mis en pratique notre système si préférable à tous les autres.

Pour effectuer cette réduction, il n'y aura qu'à consulter les tableaux, où les nouvelles quantités sont mises à côté des anciennes. Deux exemples suffiront pour en montrer la pratique.

1er EXEMPLE.

Réduire 24^{lt} 18^f 7^d en francs, décimes et centimes.

Solution. La livre de compte vaut le franc, donc

	f.		f.	d.	c.
$24^{lt} = 24$, ci			24	0	0
Le sou = 5 c., donc $18^f = 9^d$, ci			0	9	0
Le denier = 0 c. 4.6, donc 7^d					
= 2 c. 912 ci			0	0	2.912

Réduction totale = 24   9   2.912

2e. EXEMPLE.

Réduire 7 t. 5 pi. 9 po. 6 l. en mètres, décimètres, centimètres et millimètres ?

Solution.

	mt.	d.mt.	c.mt.	m.mt.	
La toise =	1	9	4	8.40 , donc mt.
7 t. =	13	6	5	8 80 , ci . 13.63880
Le pied =	0	5	2	4.73 , donc
5 p. =	1	6	2	3.65 , ci . . 1.62365
Le pouce =	0	0	2	7.06 , donc
9 po.=	0	2	4	3.54 , ci . . 0.24354
La ligne =	0	0	0	2.25 , donc
6 l. =	0	0	1	3.50 , ci . . 0.01350

Réduction totale 15.51949

FIN.

TABLE
DES MATIÈRES.

Fin de la Table.

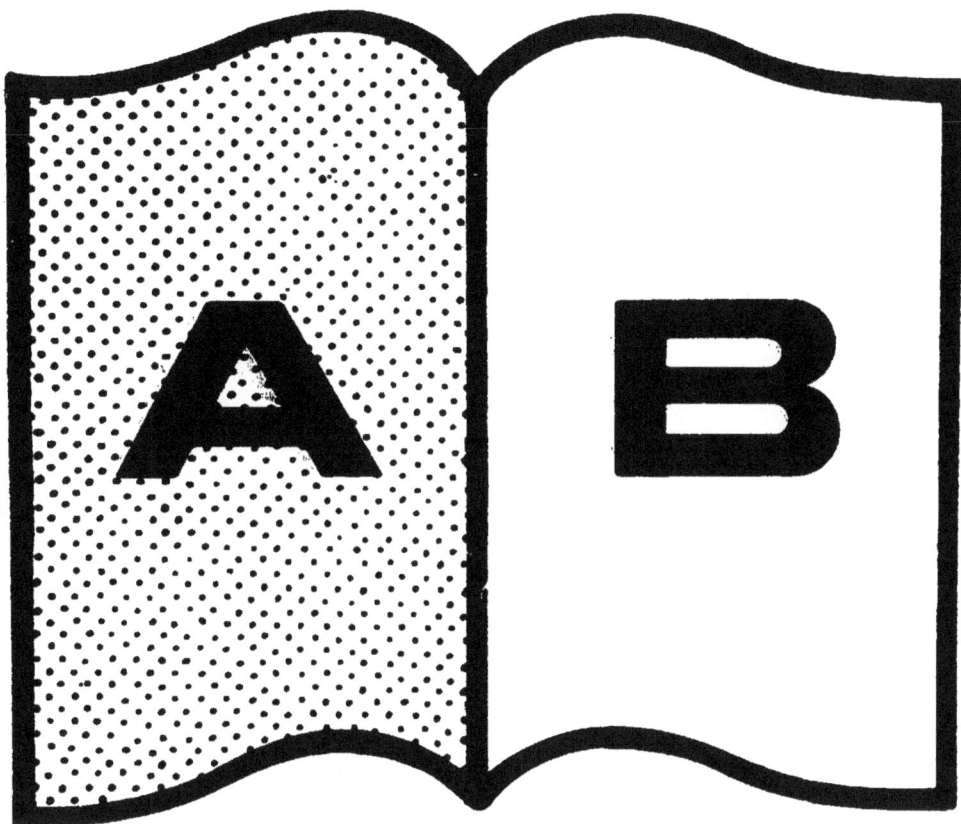

Contraste insuffisant

NF Z 43-120-14